CAUSERIES

SUR LES

PHÉNOMÈNES DE LA NATURE

PAR

FINART D'ALLONVILLE

PARIS
SOCIÉTÉ D'ÉDITIONS SCIENTIFIQUES
PLACE DE L'ÉCOLE-DE-MÉDECINE
4, RUE ANTOINE-DUBOIS, 4

1892

CAUSERIES

SUR LES

PHÉNOMÈNES DE LA NATURE

AVIS AUX AUTEURS

La Société d'Éditions Scientifiques, établie sur les bases de la MUTUALITÉ, a pour principe de partager par moitié, entre les Auteurs et elle, *tout bénéfice* résultant de la vente des ouvrages.

Plus de 200 livres ont été édités en 1891 par ce système d'association avec les auteurs, entre autres :

BINGER (le capitaine). — **Esclavage, islamisme, christianisme en Afrique.**
BLANCHARD, R. (le Dr). — **Histoire zoologique et médicale des Téniadés** (genre hymenolepis).
BOULANGIER, Edgard, ingénieur. — **Voyage en Sibérie.** (Cent gravures sur bois.)
BOULOUMIÉ (le Dr). — **Manuel** du Candidat au grade de médecin de réserve.
BROCQ (le Dr), médecin des hôpitaux. — **Leçons de** l'hôpital Saint-Louis.
BUGUET, agrégé des sciences physiques et naturelles. — Plusieurs livres de **Photographie.**
CHARCOT (le professeur). — **Sciences biologiques.**
FLEURY (Maurice de). — **Nos grands médecins d'aujourd'hui.**
GUYOT, Yves, ministre des travaux publics. — **Budget. Suppression des octrois.**
HARMAND, Jules, ministre plénipotentiaire. — **L'Inde.**
KLARY, C. — Plusieurs ouvrages de **Photographie.**
LABORDE, membre de l'Académie de médecine. — Plusieurs ouvrages de **Physiologie.**
LEGROS (le commandant). — Plusieurs ouvrages de **Photographie.**
LETULLE, médecin des hôpitaux, professeur agrégé. — **Guide pratique** des Sciences médicales.
MONIN (le Dr E.). — **Formulaire de médecine pratique.**
PAULIER (le Dr). — **Manuel de l'externat.**
QUINQUAUD, professeur agrégé à l'Ecole de médecine. — **Thérapeutique clinique et expérimentale.**
REGAMEY, Félix. — **Panorama de Port-Blanc** et **profils** coloniaux.
SABATIER, Camille, député de l'Algérie. — **Touat, Sahara, Soudan.**
TROUSSEAU (le Dr). — **Ophthalmologie.**

CAUSERIES

SUR LES

PHÉNOMÈNES DE LA NATURE

PAR

FINART D'ALLONVILLE

PARIS
SOCIÉTÉ D'ÉDITIONS SCIENTIFIQUES
PLACE DE L'ÉCOLE-DE-MÉDECINE
4, RUE ANTOINE-DUBOIS, 4

1892

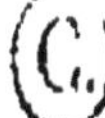

A MES AMIS

J'ai eu, pendant les années 1885-1886, l'idée de mettre simplement en écrit les réponses données aux questions faites par des personnes n'ayant suivi aucune étude scientifique, ou à des enfants.

En réunissant ainsi ces causeries, j'ai eu ensuite pour but de former un ensemble court et suivi, offrant à l'esprit une sorte de tableau de la manière dont la nature procède pour amener et conserver la vie dans l'univers.

Enfin ces causeries résument ce que je crois qu'il serait convenable que tout être humain connût bien, quel que soit son état, quelque modeste que soit son éducation, quelque limitée que soit son instruction.

Peut-être pourraiént-elles encore servir d'idée pour établir des introductions aux leçons des professeurs, dans le but de *préparer* l'esprit des élèves, afin qu'ils n'entrent pas trop subitement dans les détails de choses toutes nouvelles.

Si ma pensée est bonne, je regrette qu'elle n'ait pas été mise à exécution par un autre plus éclairé ou par plusieurs maîtres dans chacune des parties.

Les faits auraient été présentés d'une façon plus saisissante sans doute et mieux en rapport avec ce que cherchent les savants, *la véritable expression de la réalité* sur la nature autour de nous et en nous.

En tout cas, je n'ai aucune prétention, soit à l'érudition, soit au style, soit à l'art d'enseigner aux autres.

Le peu de valeur de ces quelques pages m'empêche de les dédier à quelqu'un; mais je puis au moins dire ici combien je suis reconnaissant à ces bons professeurs qui m'ont fait aimer la science autrefois, aux écoles de La Flèche et de Saint-Cyr, et à ceux dont la parole m'a tant intéressé lorsque je suivais les leçons de leurs cours et de leurs laboratoires à la Sorbonne.

CAUSERIES

DIVISÉES EN TROIS PARTIES

1° Lignes et figures à l'aide desquelles on mesure et calcule les dimensions.

2° Petit voyage d'une heure à travers l'espace.

3° Tableau des phénomènes naturels.

OBSERVATION SUR L'IMPORTANCE DU CALCUL

Les conséquences de ce que l'on nomme les *lois de la nature*, c'est-à-dire les lois qui semblent commander à tout ce qui se passe dans l'univers, sont soumises à celles qui règlent les relations qui existent entre les *poids*, les *dimensions* des objets sur lesquels ces lois agissent et les *distances* qui les séparent.

Comme on représente et exprime ces poids, ces dimensions, ces distances par des nombres, il a été impossible d'étudier les *effets* des lois de la nature, effets que l'on nomme des *phénomènes*, de découvrir leur cause et de les faire comprendre sans le secours de la science des nombres, car on n'a pu le faire que par *mesure* et *comparaison*.

Cette science des nombres, *qui s'appelle les mathématiques*, permet de conclure par le *calcul* ce qui est inconnu de ce qui est connu.

Je suppose donc, en commençant, que les principes de la science des nombres sont connus.

Ces principes forment ce que l'on nomme l'*arithmétique*, dont le nom vient du mot grec *arithmos*, qui signifie *nombre*.

L'arithmétique apprend ce que l'on entend par un *nombre*, une *fraction*, un *rapport*, une *proportion : choses qu'il faut tout d'abord connaître.*

Je ne rappellerai ici que les principaux signes dont on se sert pour abréger l'écriture :

Signe						
$=$	signe	de l'égalité........	qui veut dire		égale.......	$2 = 2$
$+$	—	de l'addition......	—	—	plus ; on écrira	$2 + 7$
					s'il faut ajouter	2 à 7
$-$	—	de la soustraction.	—	—	moins, pe..	$7 - 2$
$\times$ ou $.$	—	de la multiplication	—	—	multiplié par	5×3 ou 5.3
$:$ ou $-$	—	de la division.....	—	—	divisé par...	$5 : 3$ ou $\frac{5}{3}$
$>$	—	qui veut dire plus grand que................				$8 > 5$
$<$	—	—	—	plus petit que................		$75 < 83$

A QUOI SERT L'ÉTUDE DE LA GÉOMÉTRIE

Le nom de la géométrie vient de deux mots de la langue grecque : *gê* qui veut dire terre, et *métron*, mesure.

La géométrie est la partie de la science qui apprend à mesurer les distances, les dimensions de tous les objets que nous voyons et dont nous avons besoin de connaître les volumes et les surfaces, par exemple l'étendue d'une propriété, d'une partie de terrain, la contenance d'un réservoir, etc. etc.

Enfin, elle donne le moyen de trouver, à l'aide de certaines mesures, et par le calcul, d'autres dimensions que l'on veut connaître et que l'on ne peut mesurer directement.

De plus, la géométrie apprend à représenter tous les objets, *constructions*, *machines*, *étendues* de la surface de la terre plus ou moins considérables, avec montagnes, fleuves, cours d'eau, maisons, forêts, etc., par des dessins que l'on nomme *plans*.

On donne à ces plans le nom de *cartes géographiques*, lorsque ces dessins représentent de grandes étendues de territoire, et celui de *cartes célestes*, lorsqu'elles représentent la position relative des astres dans certaines parties du ciel.

Avant de construire une maison, un édifice, une machine, avant d'entreprendre un travail à la surface du sol, par exemple lorsque l'on veut établir une ligne de chemin de fer, creuser un canal, un port, etc., l'architecte ou l'ingénieur établit un dessin géométrique, c'est-à-dire une image, un portrait *parfaitement exact* de l'objet à exécuter, tel qu'avec cette image les constructeurs peuvent établir fidèlement ce qui est représenté, avec les dimensions réelles qu'on veut donner à cet objet, en trouvant sur le plan toutes les mesures et indications de position relative des lignes et des surfaces nécessaires à l'exécution du travail.

Pour arriver à ce résultat, il faut avant tout connaître la partie de la géométrie qui apprend les propriétés des lignes et des figures qu'elles peuvent former dans leurs différentes positions les unes par rapport aux autres.

Il faut ensuite savoir représenter ces lignes, ces figures dans toutes leurs situations et les tracer avec la *règle* et le *compas*.

Alors on peut comprendre un dessin géométrique, en faire une copie, *le lire*, comme on dit, et enfin produire ou reproduire l'objet qu'il représente.

Sans la connaissance de la géométrie, il eût été impossible de savoir comment se meuvent les astres dans l'espace, de calculer les distances qui les séparent de nous ou entre eux, de prévoir à l'avance leurs positions par rapport les uns aux autres et les *phénomènes importants* qui résultent de ces positions relatives.

Jamais non plus on n'eût pu comprendre par quelles

lois la nature produit les phénomènes que nous voyons et sentons s'accomplir autour de nous. On ne peut modifier ces lois immuables, mais on peut, avec le secours de la géométrie, prévoir et calculer les résultats infaillibles de ces lois et leurs conséquences pour l'humanité.

La géométrie a complété l'arithmétique et, pour faciliter l'application du calcul à la géométrie, l'arithmétique a été simplifiée pour l'écriture et le raisonnement, généralisée, c'est-à-dire étendue dans toutes ses applications par l'emploi des lettres de l'alphabet pour représenter les nombres.

Ainsi on dira et écrira d'une façon générale :

$$a = b \text{ ou } b = a$$
$$m + n \text{ ou } n + m$$
$$c - d$$
$$q \times r \text{ ou } r \,.\, q$$
$$a : b \text{ ou } \frac{a}{b}.$$

Cette science a été imaginée par les anciens Arabes. Elle se nomme l'algèbre.

Grâce à l'algèbre, on a pu établir ce que l'on appelle des *formules*, qui expriment, en les résumant, soit les lois des mathématiques pures, soit leurs applications aux phénomènes de la nature, comme on le verra par exemple plus loin dans l'expression de la mesure des surfaces, des volumes.

LIGNES & FIGURES

A L'AIDE DESQUELLES ON MESURE ET CALCULE LES DIMENSIONS

I

DÉFINITION DES PRINCIPALES FIGURES GÉOMÉTRIQUES

1° Lignes droites. — Figures formées par les lignes sur les plans

Lignes. — On nomme ligne droite toute ligne qui joint un point à un autre par le plus court chemin.

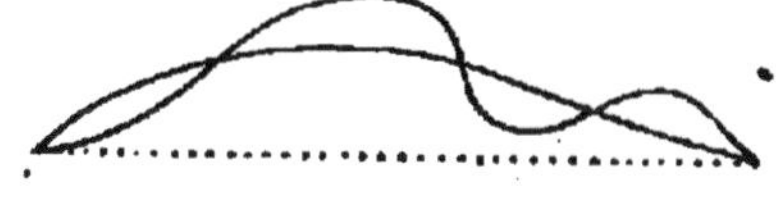

Fig. 1

Les autres lignes sont appelées courbes, lorsqu'elles changent à chaque point de direction :

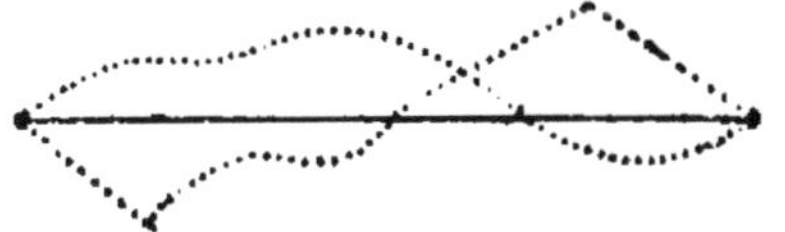

Fig. 2

ou brisées, lorsqu'elles sont composées de lignes droites :

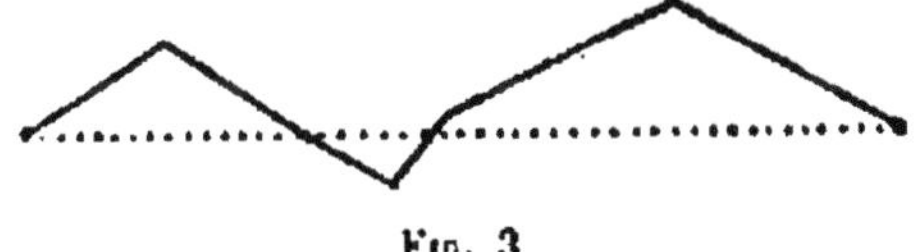

Fig. 3

On peut supposer les lignes droites indéfiniment prolongées de chaque côté des points qu'elles joignent.

Fig. 4

Dans les dessins et dans les calculs on désigne les lignes droites par les points qu'elles joignent «, chaque point étant lui-même désigné par une lettre, » ou par deux points choisis sur sa direction.

On dira la ligne droite AB :

A B

Fig. 5

la ligne droite *ab* :

a b

Fig. 6

la ligne brisée fermée *abcd* :

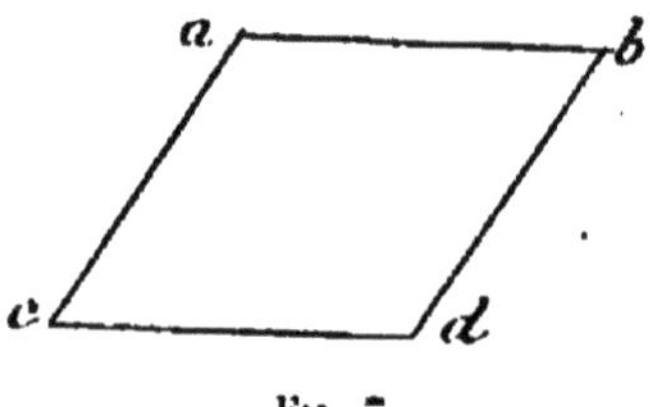

Fig. 7

la ligne brisée *abcd* :

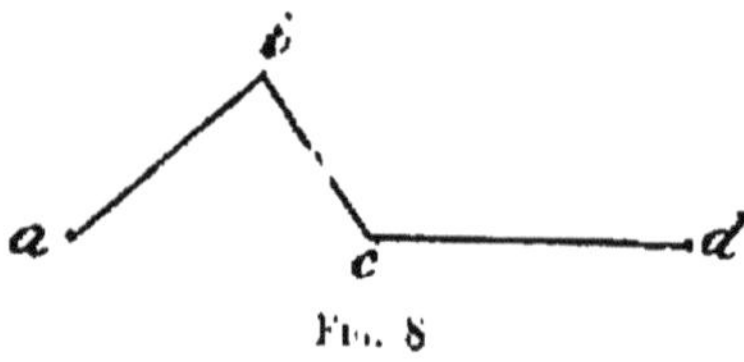

Fig. 8

Angles. — Lorsque deux lignes droites passent toutes deux par un même point O, on dit qu'elles *se rencontrent* ou *se coupent.*

Elles forment ce que l'on appelle des *angles:*

C'est l'espace compris entre chacune des branches, à partir du point de rencontre O des lignes, aussi loin que l'on voudra prolonger ces lignes.

Il y a donc quatre angles formés de cette manière.

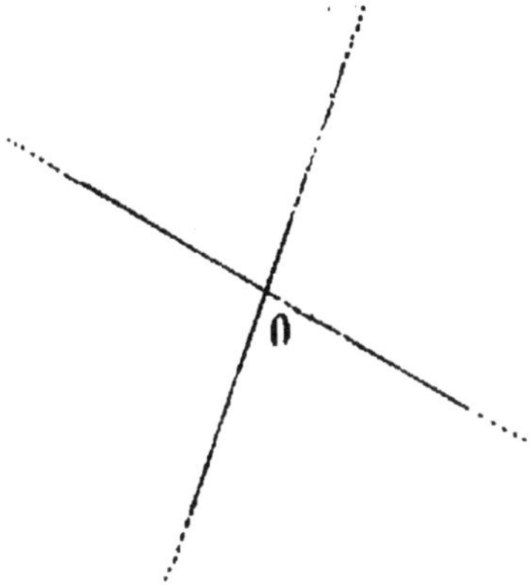

Fig. 9

D'une façon générale, deux lignes qui se dirigent vers un même point ou en partent forment entre elles un angle.

Fig. 10 Fig. 11

Le point où elles se rencontrent est dit le sommet de l'angle, angle que l'on désigne par une lettre placée à ce sommet, ou bien par une lettre au sommet et deux autres que l'on place sur les *branches* ou *côtés* de l'angle.

On dira donc :

l'angle des lignes *ab* et *cd* :

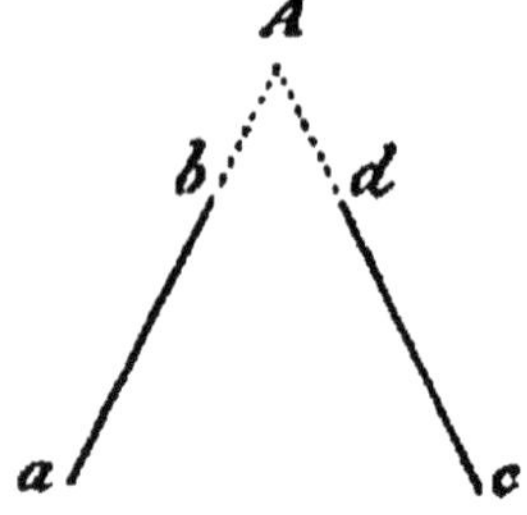

Fig. 12

ou bien l'angle *a*A*b* :

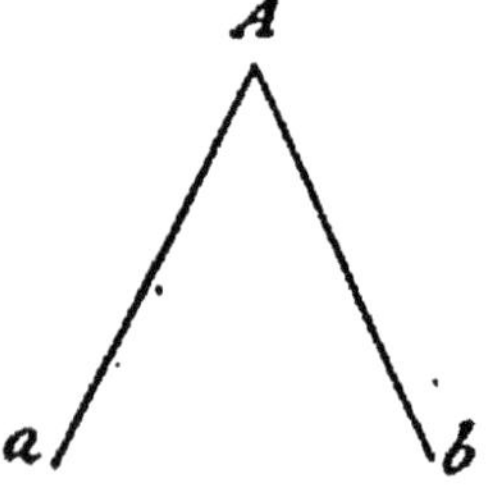

Fig. 13

La lettre du sommet étant toujours mise entre les deux autres.

Ou encore l'angle O :

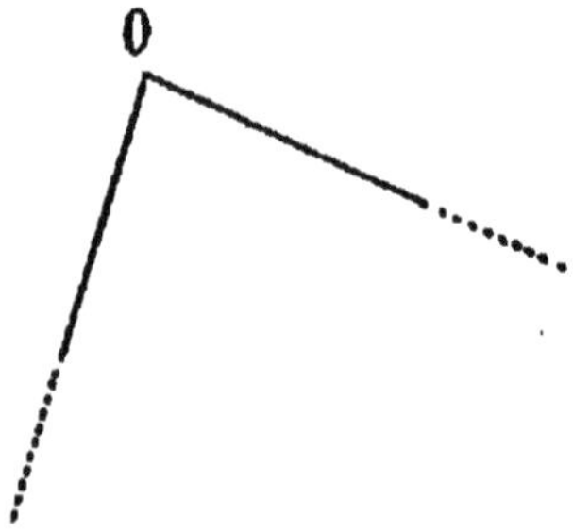

O

Fig. 14

Lignes perpendiculaires ou normales. — Il peut arriver que les quatre angles que forment deux lignes droites qui se coupent soient égaux.

On exprime ce fait particulier en disant que les lignes sont perpendiculaires l'une sur l'autre.

Vulgairement, on dit que ces lignes droites sont d'équerre.

Les angles ainsi formés sont ce que l'on nomme des angles droits.

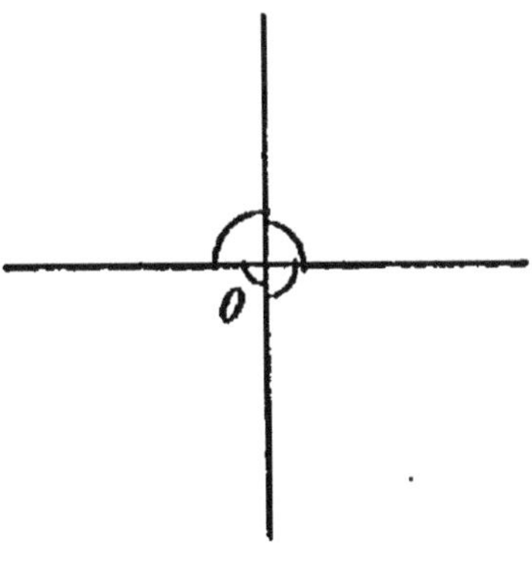

Fig. 15

Les autres angles portent le nom d'angles obtus lorsqu'ils sont plus grands ou plus ouverts qu'un angle droit, c'est-à-dire lorsque leurs côtés s'écartent plus l'un de l'autre que ceux de l'angle droit.

Lorsqu'ils sont moins ouverts au contraire ils sont appelés angles aigus.

Ainsi on dira l'angle aigu aOb :

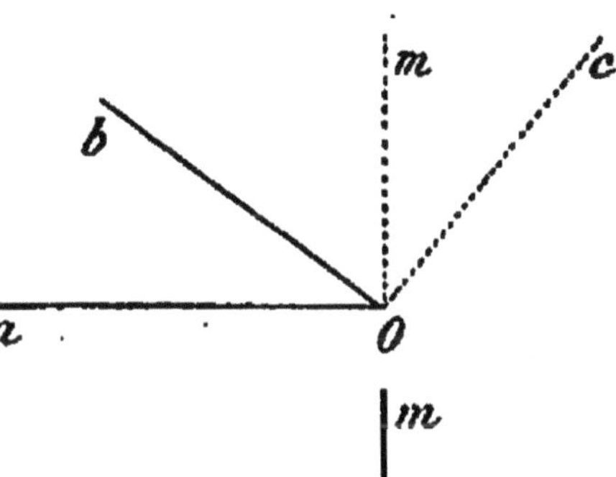

l'angle droit aOm :

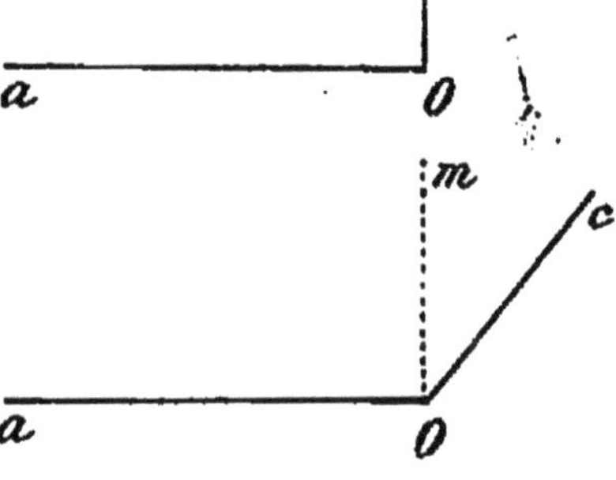

l'angle obtus aOc :

Fig. 16, 17, 18

En général, lorsque des lignes droites partent d'un point ou s'y rencontrent, elles forment des angles aigus et des angles obtus. Et elles peuvent former des angles droits, comme les deux lignes tracées en points *mn*, *xy* :

Angles aigus *b*A*m*, *e*A*f*, etc. ;

angles droits *m*A*x*, etc. ;

angles obtus *a*A*e*, *b*A*d*, etc.

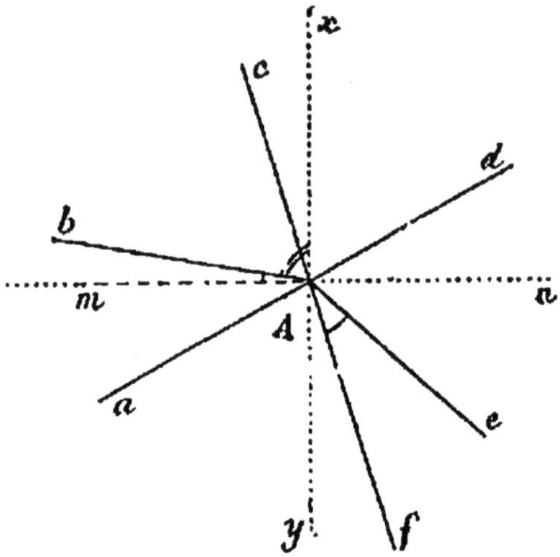

Fig. 19

Deux angles sont dits égaux quand ils ont la même ouverture : dans ce cas, si on plaçait le sommet A de

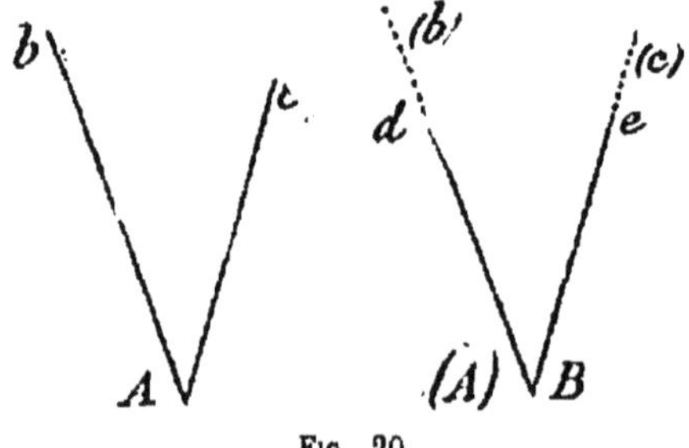

Fig. 20

l'un au point où est le sommet de l'autre B, et de manière que l'un des côtés A*b* du premier recouvre un côté du second, *Bd*, l'autre côté Ac prendrait la même direction B(c) que le côté B*e*.

Deux lignes droites qui se coupent, ou les prolongements de deux lignes qui arrivent à un même point, forment :

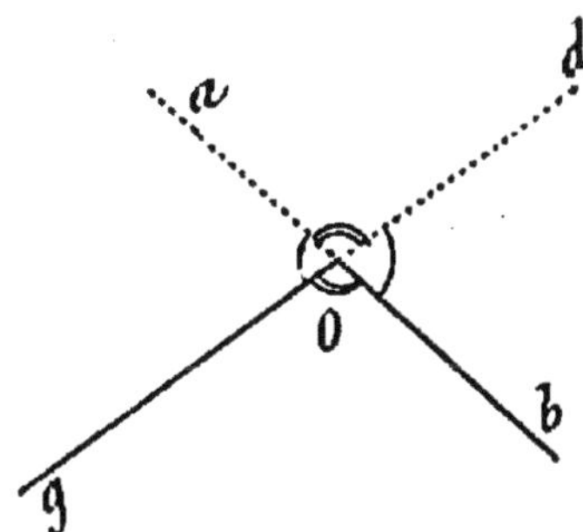

Fig. 21

1° Deux angles aigus; ils sont égaux;

2° Et deux angles obtus; ils sont égaux aussi.

La ligne *mn* étant perpendiculaire sur *ab* :

l'angle aigu *a*O*g* égale l'angle aigu *d*O*b* ;

l'angle obtus *d*O*a* égale l'angle obtus *g*O*b*.

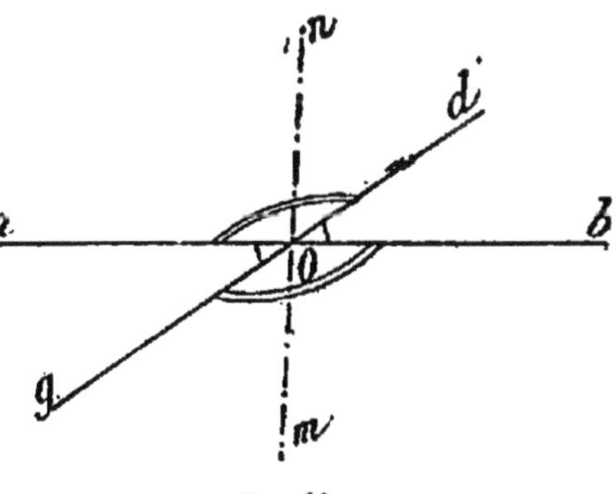

Fig. 22

Les angles égaux ainsi formés par deux lignes droites qui se coupent sont dits *opposés par le sommet.*

Il est facile de voir que la somme de deux angles, *a*O*d*, *d*O*b*, formés du même côté d'une droite *ab* et ayant même sommet, est égale à la somme de deux angles droits, *a*O*n*, *n*O*b*.

Lignes parallèles. — Lorsque deux lignes droites sont tracées de telle sorte qu'elles ne se rencontrent jamais,

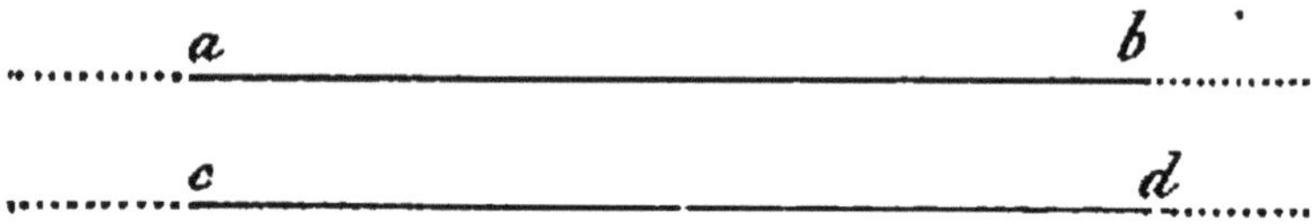

Fig. 23

quelque loin qu'on les suppose prolongées, on dit qu'elles sont *parallèles*.

On mesure la distance d'un point A à une droite XY : par la longueur AB (*que l'on exprime en mètres, centimètres, millimètres*) de la ligne *mn*, perpendiculaire à la ligne XY passant par le point A, comprise entre le point A et le point B où la perpendiculaire *mn* rencontre la droite XY.

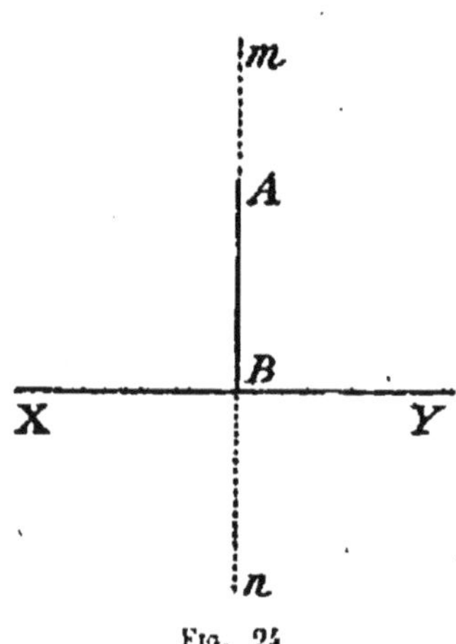

Fig. 24

Le point B est nommé le *pied* de la perpendiculaire *mn*.

On mesure ainsi la distance d'un point à une ligne droite parce que la distance de ce point au pied de la perpendiculaire que l'on abaisse de lui sur la ligne est plus courte que toutes les autres droites allant du point A à cette ligne, telles que

A*a*, A*b*, A*c*, A*d* et qui sont appelées lignes obliques sur XY.

Quand deux lignes obliques *a*A, A*d* *s'écartent également* du pied B d'une perpendiculaire AB, c'est-à-dire

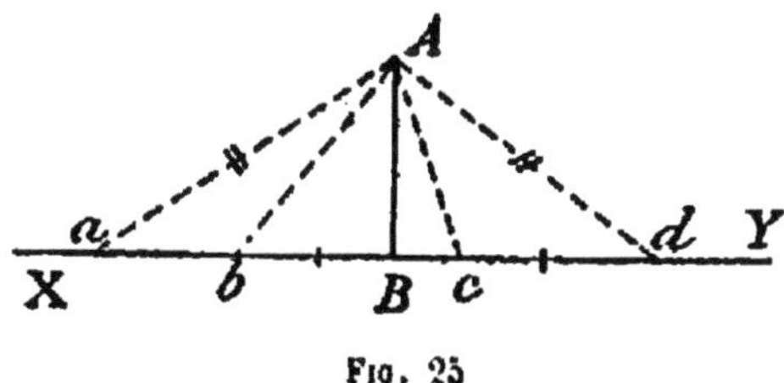

Fig. 25

lorsque leurs points de rencontre *ad* avec la ligne XY sont à égale distance du point *B*, ces obliques *sont égales entre elles*, *a*A = A*d*.

La distance de chacun des points d'une ligne droite *ab* à une autre ligne droite *cd* qui lui est parallèle est partout la même, ainsi :

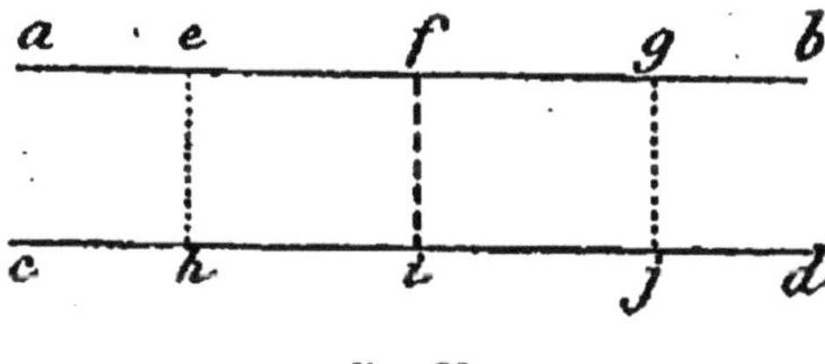

Fig. 26

if = *he* = *jg*, etc.

Poligones. — En se rencontrant, les lignes forment ce que l'on appelle des figures (fig. 27, 28).

Ces figures sont composées d'angles et de lignes droites que l'on nomme les côtés de la figure : *ab*, *bc*, *cd*, *de*, *ea*.

Lorsque la figure est formée, comme *abcde*, on a des angles intérieurs 1, 2, 3, 4, 5, et des angles extérieurs

FIG. 27

formés par les côtés et les prolongements de ces côtés, par exemple *mba*, *mbn*, *nbc*.

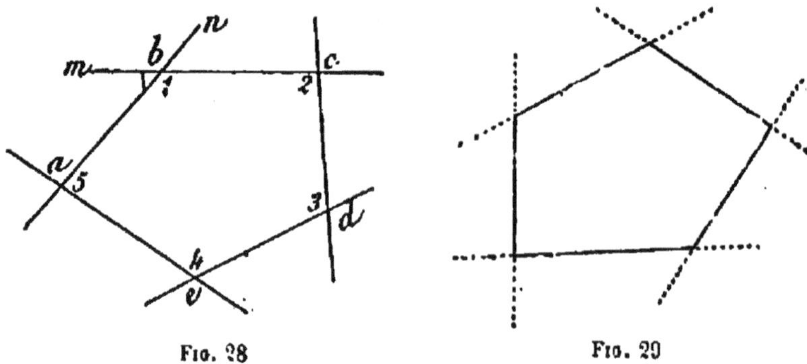

FIG. 28 FIG. 29

Ces figures, auxquelles on donne le nom général de *polygones*, dont le nom vient du mot grec *polugonios*, formé lui-même des deux mots grecs : *polus*, nombreux, et *gônia*, angle, peuvent être régulières lorsque les angles et les côtés sont égaux :

Comme le *carré* :

4 angles droits ;
4 côtés égaux.

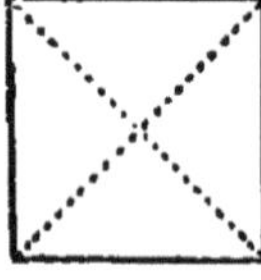

FIG. 30

L'octogone régulier (figure à huit côtés), des mots grecs : *oktô*, huit, et *gônia*, angle :

8 angles égaux :

8 côtés égaux.

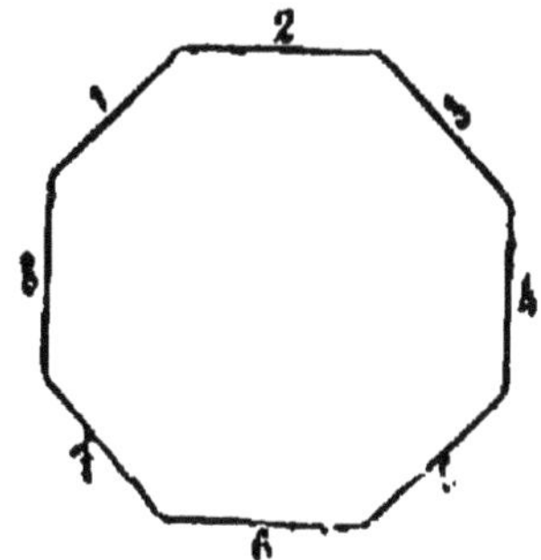

Fig. 31

Ou composées simplement de deux parties symétriques, comme le losange :

les deux angles opposés égaux :

$m = n$, $a = b$;

4 côtés égaux ;

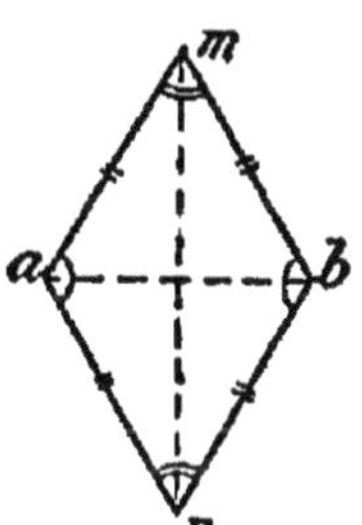

Fig. 32

quand elles sont semblables de chaque côté d'une ligne, sans que tous les angles et les côtés soient égaux.

Une ligne droite qui divise ainsi une figure en deux parties symétriques est ce que l'on nomme l'axe de la figure : ainsi *mn* et *ab* sont les axes du losange.

Enfin les polygones peuvent être irréguliers.

On désigne les polygones par des lettres placées au sommet de leurs angles.

Ainsi on dira le pentagone, polygone à cinq (pentè) côtés (*abcde*) ;

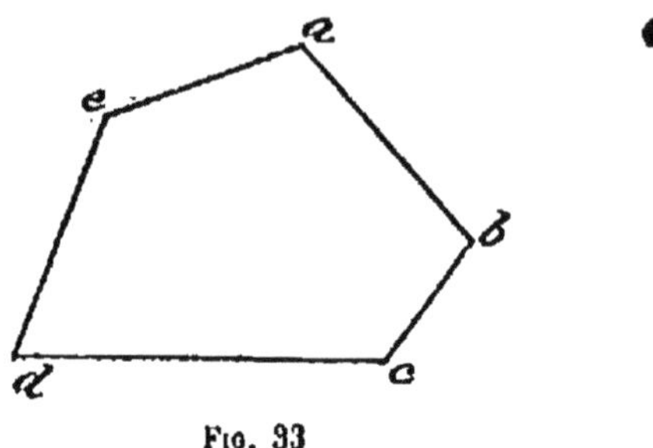

Fig. 33

Les angles *a*, *b*, *c*, *d*, *e* ;

Les côté *ab*, *bc*, *cd*, *de*, *ea*.

Dans un polygone, toute ligne droite qui joint deux sommets est une diagonale.

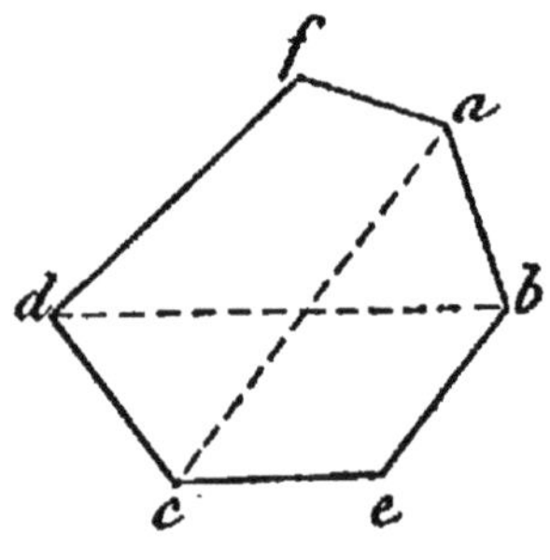

Fig. 34

Ainsi *ac*, *db* sont des diagonales du polygone à six (*éx*) côtés (hexagone), *abecdf*.

Les polygones ont toujours autant d'angles que de côtés.

Un polygone à trois côtés et à trois angles, la plus simple des figures fermées, est ce que l'on nomme un triangle (*abc*) (fig. 35).

Parmi les polygones à quatre côtés, nommés *quadrilatères*, des mots latins *quater*, quatre, *latus*, côté, on

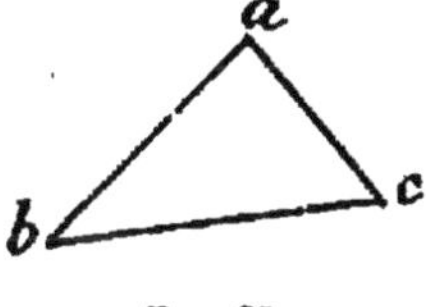

Fig. 35

nomme parallélogramme un polygone dont deux des côtés sont parallèles aux deux autres.

Soit le parallélogramme *mnop*.

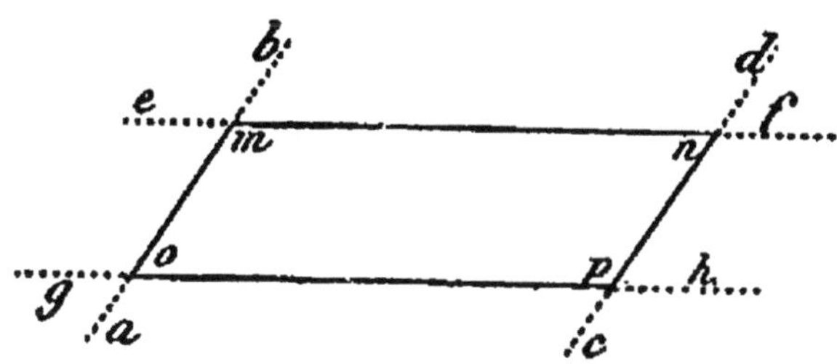

Fig. 36

On peut le considérer comme formé par la rencontre de deux lignes parallèles *ab*, *cd*, avec deux autres lignes parallèles *ef*, *gh*.

Les carrés, les losanges sont des parallélogrammes ; ceux-ci ont leurs quatre côtés égaux, et les carrés ont les quatre côtés égaux et les quatre angles droits.

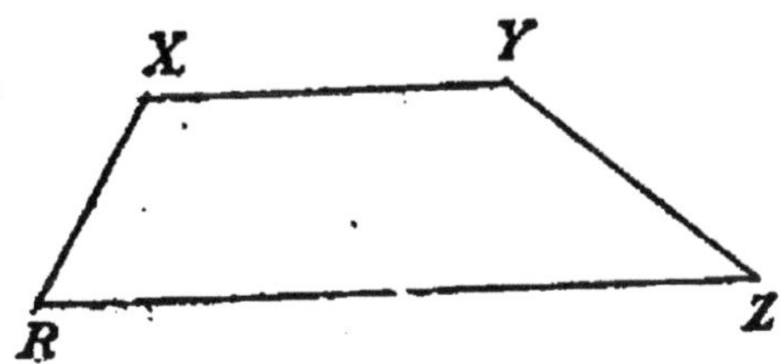

Fig. 37

On nomme trapèze un quadrilatère dont deux côtés opposés sont parallèles entre eux.

Ainsi, dans le polygone XYRZ, XY est parallèle à RZ. C'est un trapèze (fig. 37).

Plan. — On trace les lignes droites sur ce que l'on nomme des surfaces planes ou des plans, et les figures que les lignes forment sur les plans sont appelées figures planes.

Une surface bien dressée, comme on dit vulgairement, représente un plan. Ainsi la surface d'un mur bien uni, d'une table figure un plan.

Scientifiquement, on définit un plan une surface telle que, si on unit deux points quelconques de cette surface par une ligne droite, cette ligne soit contenue tout

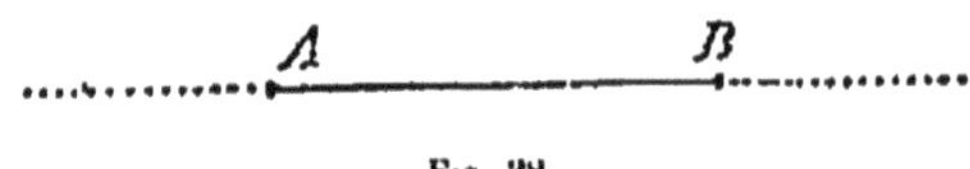

FIG. 38

entière dans la surface sur laquelle on a pris les deux points, et de plus que, si on la prolonge au-delà des points choisis, elle y reste sur toute son étendue, comme la ligne AB reste sur la surface d'une feuille de papier posée sur une table plane.

Lignes courbes. — Lorsqu'une ligne est courbe, il peut arriver qu'une ligne droite la coupe ou bien, la laissant tout entière d'un même côté, ne fasse que la toucher en un point, n'ayant, comme l'on dit, qu'un seul point de contact avec la courbe.

Dans le premier cas, la ligne droite est dite une *sécante* à la courbe, comme AB, sécante au point B.

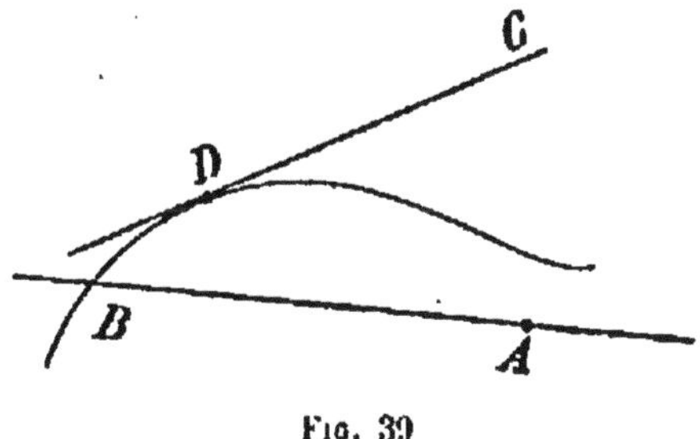

Fig. 39

Dans le second, elle est dite tangente à la courbe, comme CD, au point D.

Lorsqu'une courbe est sinueuse, une même ligne droite peut lui être tangente en un point et la couper en d'autres points.

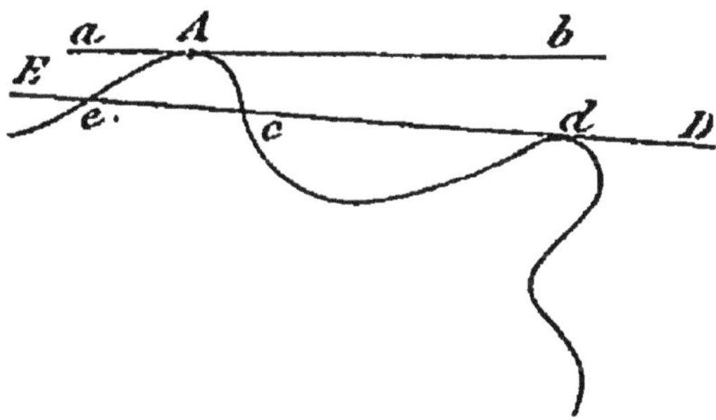

Fig. 40

ab est tangente en A.

ED est tangente en *d* et, en même temps, sécante en *ec*.

On désigne sous le nom de normale à une ligne courbe, en un point quelconque de cette courbe, une ligne qui est perpendiculaire à la tangente à la courbe en ce point.

ab étant une tangente à la courbe au point O, la ligne *mn* tracée perpendiculairement à *ab* au point O est la normale à la courbe au point O.

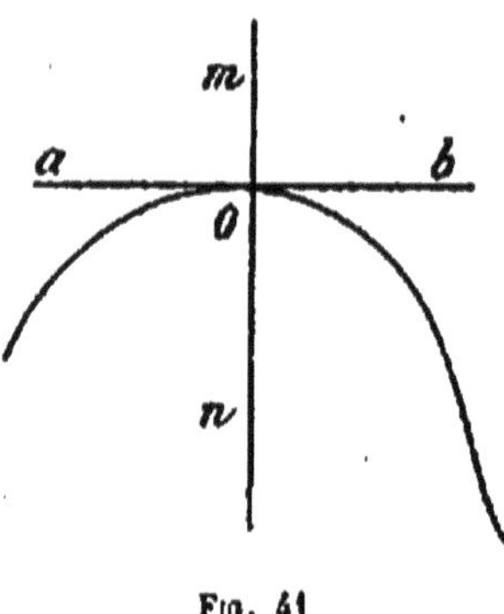

FIG. 41

Les lignes courbes en se coupant forment aussi des angles.

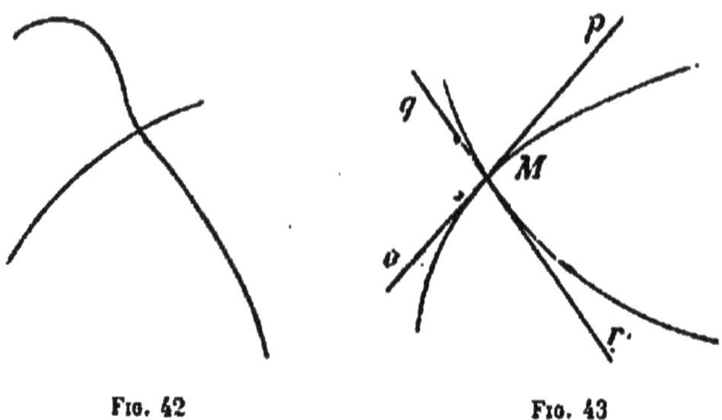

FIG. 42 FIG. 43

On les mesure par l'ouverture de l'angle que font entre elles les tangentes tracées en leur point de rencontre aux deux courbes.

Ainsi l'angle des deux courbes qui se coupent au

point M est mesuré par l'angle que font les lignes droites *op*, *qr*, tangentes chacune à une des courbes au point M où se coupent ces courbes.

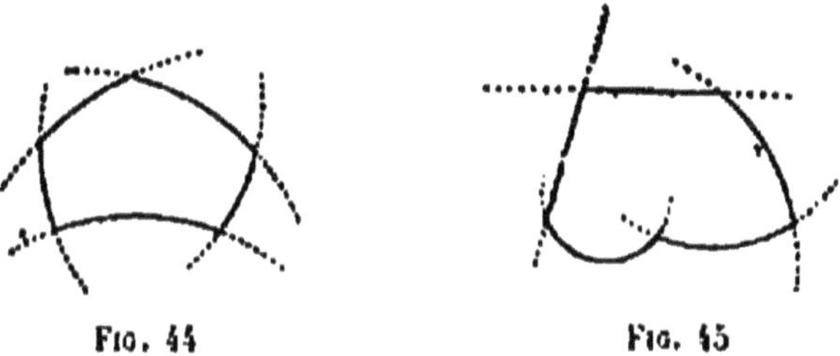

FIG. 44 FIG. 45

Les lignes courbes forment, en se rencontrant, des polygones à côtés courbes, ou, en se coupant avec des lignes droites, des polygones à côtés courbes et droits.

Cercle et circonférence. — La figure régulière la plus simple que l'on puisse tracer en dessinant une ligne courbe fermée est la circonférence.

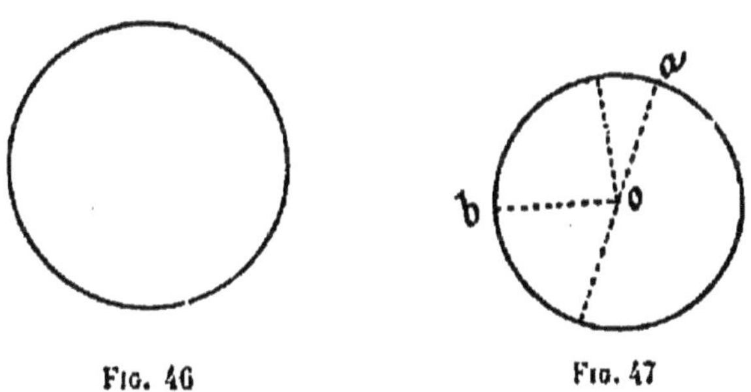

FIG. 46 FIG. 47

C'est une courbe dont tous les points sont à une même distance d'un point choisi et fixe que l'on nomme le centre de la figure.

La distance d'un point de la circonférence au centre se nomme le rayon de la circonférence. (O) étant un centre, *oa*, *ob*, etc., sont des rayons tous égaux en longueur.

Les circonférences ont toutes la même forme, mais diffèrent par leurs rayons.

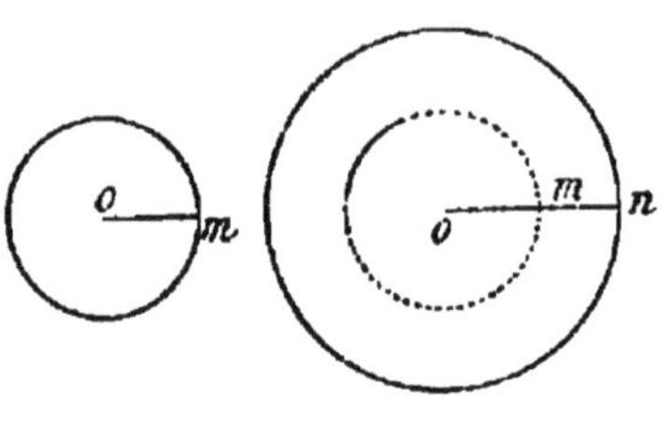

Fig. 48

Dans une circonférence, si l'on joint deux points quelconques par une ligne droite, on la divise en deux parties que l'on appelle arcs (fig. 49). Ainsi, *amb*, *anc* sont des arcs.

Si la ligne passe par le centre, on lui donne le nom de diamètre. Elle est égale en longueur à la somme de deux rayons *ox* et *oy* et divise la circonférence en deux parties égales. Toute autre ligne droite qui joint deux points de la circonférence se nomme une corde, *ab*, *xz*, par exemple.

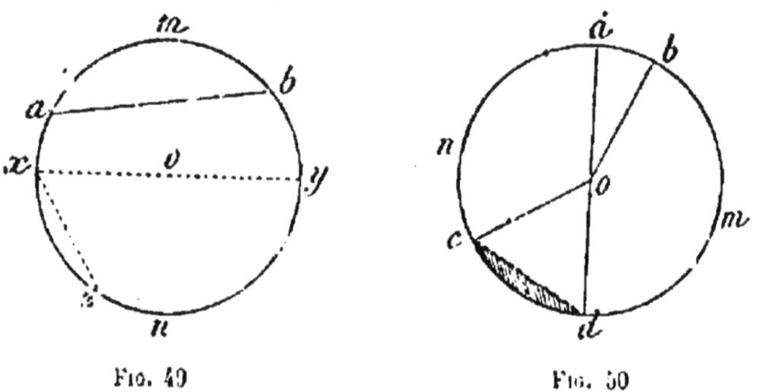

Fig. 49 Fig. 50

La *portion du plan* sur lequel on a tracé une circonférence, [comprise dans l'intérieur de cette courbe, se nomme un *cercle*.

Toute portion de cercle comprise entre deux rayons se nomme un secteur (fig. 50).

Ainsi les portions de surface comprises entre les rayons *oa*, *ob* et l'arc *ab* et celles comprises entre les rayons *oc*, *od* et l'arc *cd* sont des secteurs, comme les surfaces *ocna* et *odmb*.

Chaque secteur comprend deux parties quand on trace la corde qui joint les extrémités des arcs *cd*, *ab*, par exemple : 1° un triangle (*cod*) (*aob*) ; 2° ce que l'on nomme un segment de cercle compris entre l'arc et la corde.

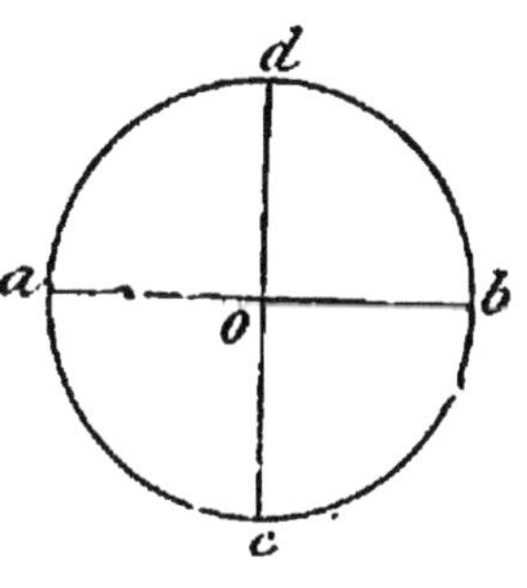

FIG. 51

Si on considère une circonférence tracée sur un plan et que l'on mène un diamètre quelconque (*ab*), on pourra en tracer un second (*cd*) perpendiculairement au premier.

On aura ainsi formé dans le cercle quatre angles droits égaux et divisé le cercle en quatre secteurs égaux *dob*, *boc*, *coa*, *aod*, que l'on nomme les *quadrans* du cercle, et la circonférence en quatre arcs égaux *ad*, *db*, *bc*, *ca*.

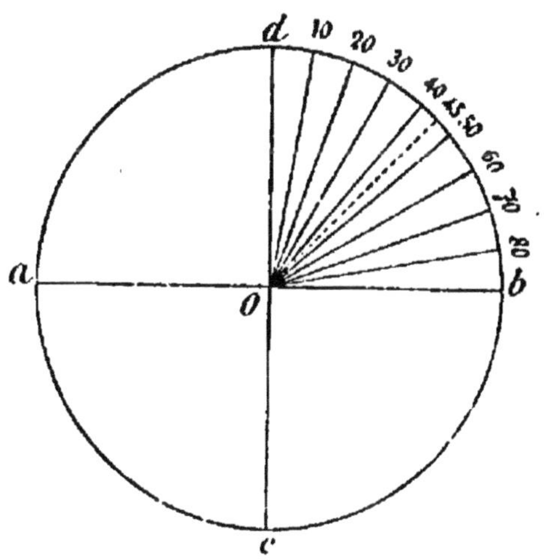

FIG. 52

On peut diviser chaque arc des quadrans en

90 parties égales, c'est-à-dire en 90 arcs égaux en longueur.

En joignant les points de division 10, 20, etc., au centre, on pourrait diviser le cercle en quatre fois 90 ou 360 secteurs égaux en surface.

La circonférence serait ainsi divisée en 360 divisions égales que l'on nomme degrés.

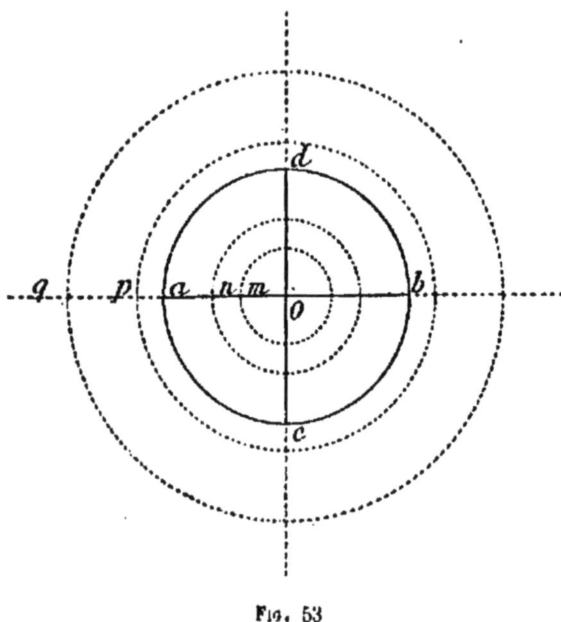

Fig. 53

On divise chaque degré en 60 divisions égales nommées minutes et, enfin, chaque minute en 60 autres parties nommées *secondes*. Et, de plus, chaque seconde peut se diviser en dix parties égales nommées dixièmes de seconde.

Si on suppose les rayons d'une circonférence la divisant en degrés, minutes, secondes et dixièmes de secondes, prolongés indéfiniment sur la surface plane, cette surface sera divisée comme le cercle en 360 secteurs égaux, chacun d'eux en 60 autres, etc.

Tous les cercles tracés d'un même centre O avec des rayons *om*, *on*, *op*, *oq*, différents et qui sont ce que l'on appelle des cercles concentriques, seront divisés comme le cercle de rayon *oa* (fig. 53).

Et toutes les circonférences en 360 degrés, etc.

Ainsi l'espace autour d'un point peut donc être divisé en angles ou secteurs égaux, d'une façon analogue à ce

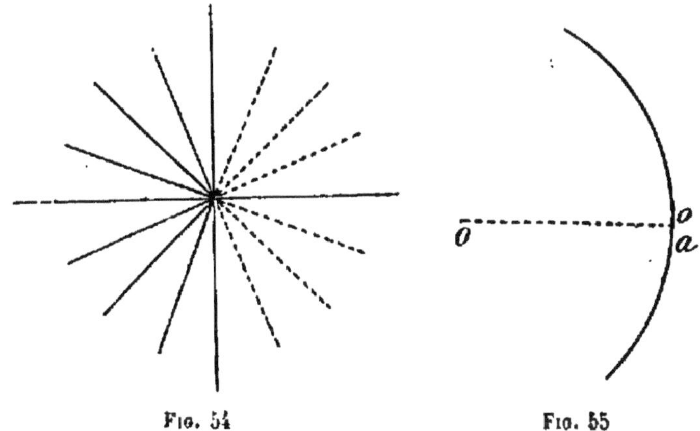

Fig. 54 Fig. 55

que l'on fait pour une ligne droite, lorsqu'on la divise en mètres, centimètres ou millimètres pour la mesurer.

Lorsque l'on trace des degrés sur une circonférence, on prend l'extrémité (*a*) d'un rayon quelconque (*ao*) pour origine et on lui donne le chiffre 0, puis on donne les chiffres 1, 2, 3, etc., aux divisions suivantes.

On peut ainsi mesurer les angles par le nombre de degrés et de divisions de degrés qu'ils contiennent sur un arc, tracé de leur sommet choisi comme centre et compris entre leurs côtés.

Par exemple, si on trace un arc avec le rayon d'un cercle gradué d'avance en degrés, etc., on voit à quel nombre de divisions correspond la longueur d'arc comprise entre les côtés de l'angle.

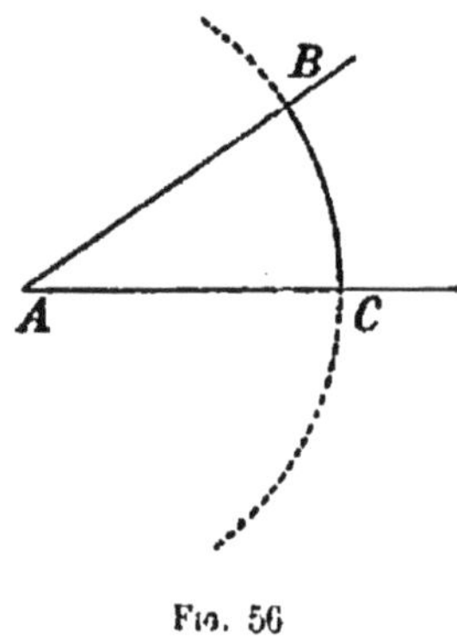

Fig. 56

Généralement on se sert d'arcs ou de cercles divisés, comme on se sert de règles graduées en mètres, centimètres et millimètres pour mesurer les longueurs des lignes droites. On porte un de ces cercles, ainsi divisés d'avance, sur l'angle que l'on veut mesurer, en ayant soin de placer le rayon, qui correspond à O, sur un des côtés de l'angle et le centre sur le sommet de cet angle. On n'a plus qu'à lire le nombre tracé sur l'appareil à la division que rencontre l'autre côté de l'angle.

On a, par exemple, un angle de 35 degrés, 8 minutes, 17 secondes et 2 dixièmes que l'on écrit ainsi : arc 35° 8′ 17″,2.

Deux angles égaux sont donc ceux qui contiennent le même nombre de degrés, etc., quelle que soit la longueur des côtés.

Sur des cercles de même rayon et sur un même cercle, tous les arcs contenant le même nombre de degrés ont des cordes égales en longueur.

Lorsque l'on a trois points marqués sur un plan, quelle que soit leur situation, on peut toujours faire passer une circonférence par ces trois points, c'est-à-dire tracer un cercle tel que les trois points que l'on considère soient sur la circonférence de ce cercle dont le centre O et le rayon seront déterminés par la position des points sur le plan.

En effet, si on joint les points entre eux A à B, B à C, les perpendiculaires élevées *sur le milieu* des lignes AB, BC ainsi tracées se rencontrent en un point (*o*); ce point se trouve à égale distance des points ABC, parce que les obliques OA, OB, OC sont égales, car elles sont également écartées des milieux *m* et *n* des lignes AB et BC; OA = OB et OB qui égale OA égale OC aussi.

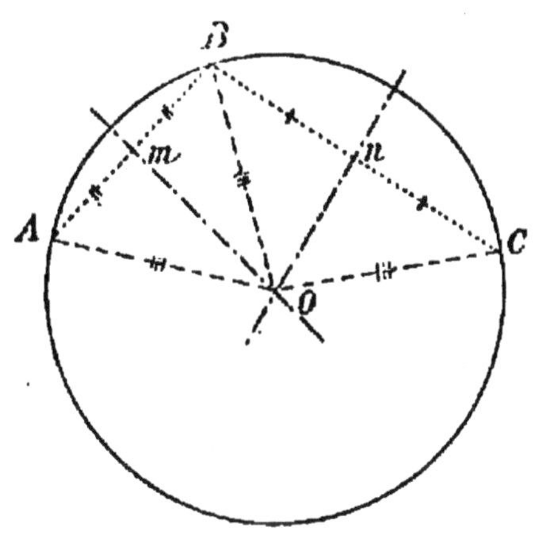

FIG. 57

Ce qui prouve que les points A, B, C seront bien situés sur la circonférence d'un cercle tracé du *point de rencontre* O comme centre et avec un rayon d'une longueur égale à celle des obliques OA = OB = OC.

Manière de concevoir les lignes et les plans pour raisonner et calculer et de les représenter sur le dessin. — Nous voyons les objets et nous les considérons généralement par leurs trois dimensions : *longueur*, *largeur*, *hauteur* ou *épaisseur*.

Lorsque l'on étudie les sciences, il faut s'habituer à considérer les choses comme infiniment petites et même souvent comme ayant dans certains sens des dimensions nulles.

L'esprit seul peut concevoir clairement cela.

Ainsi un point pour le raisonnement ne doit avoir de dimension dans aucun sens; il n'a aucune grosseur.

Nos yeux, nos sens ne peuvent se représenter cela; mais l'intelligence, qui conçoit ce que l'on ne peut représenter matériellement, le sent.

Une ligne n'a aucune grosseur, c'est-à-dire aucune largeur, aucune épaisseur ; elle n'a qu'une seule dimension : la longueur.

Mais, pour faciliter l'étude des propriétés des lignes dans les dessins qu'elles forment, on représente matériellement un point sur la surface où on le suppose exister, et une ligne a l'épaisseur de la légère couche d'encre, de crayon, de craie ou de peinture, etc., que l'on dépose sur la surface sur laquelle on la représente par un trait qui a une largeur plus ou moins fine, mais qui en a une, quelque petite qu'elle soit.

Un plan s'étend dans deux sens tant qu'on voudra, mais il n'a pas d'épaisseur. Un mur, une table, une planche ne sont pas des plans; leur surface seule peut figurer aux yeux un plan.

Pour l'esprit, cela ne suffit pas encore, car il faudrait que cette surface fût infiniment bien dressée, ce que le plus adroit des ouvriers ne peut réaliser, car, en réalité, la surface du miroir le mieux poli n'est pas parfaitement plane et a des aspérités, infiniment petites, il est vrai, et que nos sens considèrent comme absolument nulles.

Pour figurer sur une même surface plusieurs autres

surfaces situées dans l'espace dans des positions diverses, on dessine les plans en les représentant par des polygones, ordinairement des parallélogrammes, que l'on suppose, par la pensée, tracés sur les plans que l'on considère.

Lorsque, parmi les divers plans, deux se rencontrent, on représente les intersections de ces surfaces en donnant aux polygones (*abmn*) (*mncd*), par lesquels on figure ces surfaces, un côté commun (*mn*) qui est le dessin de leur intersection.

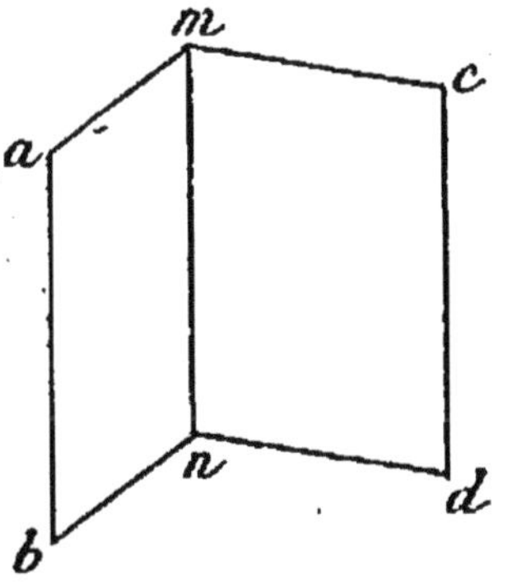

Fig. 58

Ordinairement, des lignes tracées en points figurent celles qui seraient cachées par des plans qui se trouvent devant elles, lorsque l'on suppose que l'on regarde *la* ou *les* figures formées dans l'espace par les plans.

2° Figures formées par les plans qui se rencontrent

Angles des plans qui se rencontrent. — Deux surfaces planes se coupent suivant une ligne droite lorsqu'elles se rencontrent, comme par exemple les faces d'une boite qui se coupent suivant une arête.

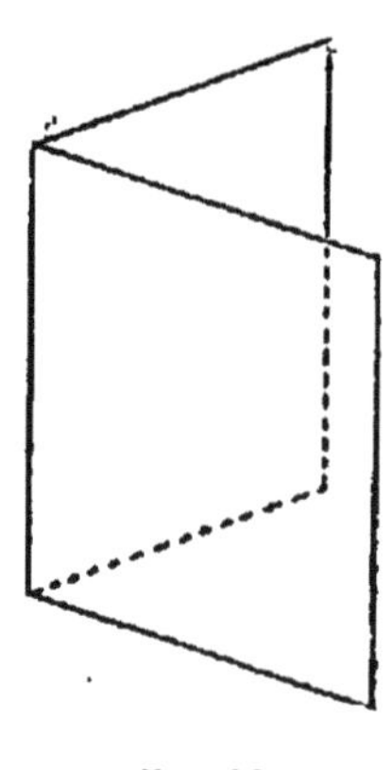

Fig. 59

Ces surfaces forment ainsi ce que l'on nomme des angles *solides*.

Lorsque les plans se rencontrant sont prolongés au-delà de leur ligne d'intersection, ils forment quatre angles solides, dans l'espace, comme deux lignes droites forment quatre angles plans dans le plan qui les contient ou sur lequel elles sont tracées.

Les angles solides sont donc l'espace compris entre les deux surfaces planes qui se coupent, ainsi par exemple l'espace compris entre les pages consécutives de deux feuillets d'un livre entr'ouvert et aussi loin qu'on peut supposer ces surfaces prolongées, c'est-à-dire indéfiniment, à partir de l'arête d'où les plans s'éloignent en s'écartant de plus en plus.

Si les quatre angles sont égaux ils sont dits *droits*, et les plans sont dits *perpendiculaires* l'un sur l'autre.

Lorsque l'on considère une ligne droite quelconque, dans n'importe quelle position dans l'espace, on pourra supposer une infinité de plans passant par cette ligne dans tous les sens autour d'elle.

Il est donc facile de concevoir que plusieurs plans peuvent se couper suivant une même ligne droite, comme plusieurs lignes droites peuvent se rencontrer au même point.

On peut encore exprimer cela en disant qu'un plan passant par une ligne droite peut prendre toutes les positions en tournant dans l'espace autour de cette ligne, comme une porte tourne autour de ses gonds, et former ainsi, successivement, *avec sa position primitive*, tous les angles possibles. Chaque angle formé est d'autant plus grand que le plan s'éloigne de sa position primitive.

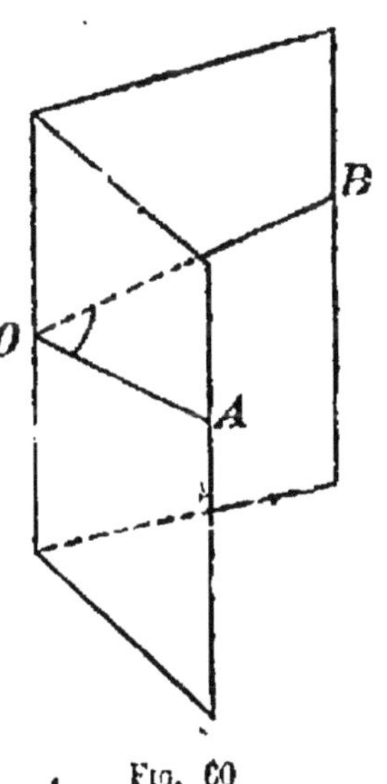

FIG. 60

On mesure la grandeur de l'angle de deux surfaces planes ou de deux plans qui se rencontrent, c'est-à-dire leur écartement, comme celui de deux lignes droites.

La grandeur de cet angle est celle de l'angle formé par deux perpendiculaires élevées sur l'arête en un point de cette ligne commune aux deux plans et dans chacun de ces plans OA, OB.

Tous les angles formés de cette manière sont égaux, quel que soit le point que l'on choisisse pour élever les deux perpendiculaires. Et, de plus, c'est le plus petit des angles que puissent faire les lignes menées d'un point de l'arête dans l'un des plans avec celles tracées de ce même point dans l'autre plan ; c'est pour cela que l'on a choisi cet angle pour mesurer celui des deux plans considérés.

Quand l'angle des deux droites qui mesure l'angle de deux plans est *droit*, cet angle solide est dit droit et les deux plans sont dits perpendiculaires l'un sur l'autre.

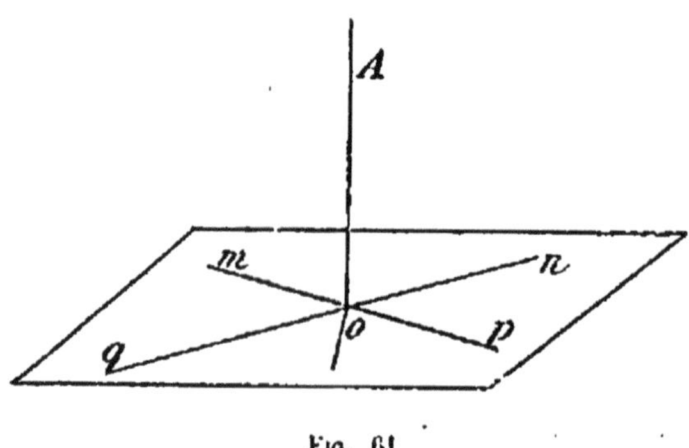

Fig. 61

Perpendiculaire à un plan. — Lorsqu'une ligne droite AO rencontre un plan de telle sorte que toutes les lignes droites *om*, *on*, *op*, *oq*, etc., tracées dans ce plan et passant par le point où la première ligne droite rencontre le plan, soient perpendiculaires à cette ligne, elle est ce qu'on appelle perpendiculaire au plan.

Pour qu'une droite soit perpendiculaire à un plan, il suffit qu'elle soit perpendiculaire à deux lignes tracées dans ce plan et passant par son point de rencontre avec le plan, point que l'on nomme le pied de cette perpendiculaire qui est aussi désignée sous le nom de normale au plan.

Détermination de la position d'un plan dans l'espace. — Lorsque l'on imagine un plan, par la pensée, l'esprit peut lui donner n'importe qu'elle position dans l'espace; il faut donc savoir déterminer sa situation.

Si on considère une ligne droite quelconque, on peut, par la pensée, supposer toutes sortes de plans passant par cette ligne.

Mais, si on choisit un point qui ne soit pas situé sur cette ligne et par où on voudrait qu'un des plans précédents passât, sa position sera déterminée.

C'est pour cela que l'on dit que la position d'un plan dans l'espace est déterminée par une ligne et un point pris en dehors de cette ligne.

Parallèles aux plans. — Lorsqu'une ligne ne rencontre pas un plan, quelque loin qu'on la prolonge ou plutôt qu'on la suppose prolongée, on dit qu'elle est parallèle à ce plan (fig. 62).

Ainsi, *tracée dans un plan*, une ligne est oblique, perpendiculaire ou parallèle à une autre ligne de ce plan.

Dans l'espace, une ligne est oblique, perpendiculaire ou parallèle à un plan.

D'un point O situé sur une ligne droite AB parallèle à un plan, si on suppose une perpendiculaire menée sur ce plan, la longueur OX de cette ligne comprise entre le point choisi O et le plan sera la plus courte ligne que l'on puisse mener de ce point au plan.

Toutes les perpendiculaires ainsi tracées de tous les

points de la parallèle au plan seront égales. Et l'ensemble de leurs *pieds* sur le plan tracerait une nouvelle ligne *ab* parallèle à AB.

On a donc pu choisir, pour mesurer la distance d'une ligne parallèle à un plan, une perpendiculaire abaissée sur ce plan.

Et une ligne parallèle à un plan est, en tous ses points, à égale distance de ce plan.

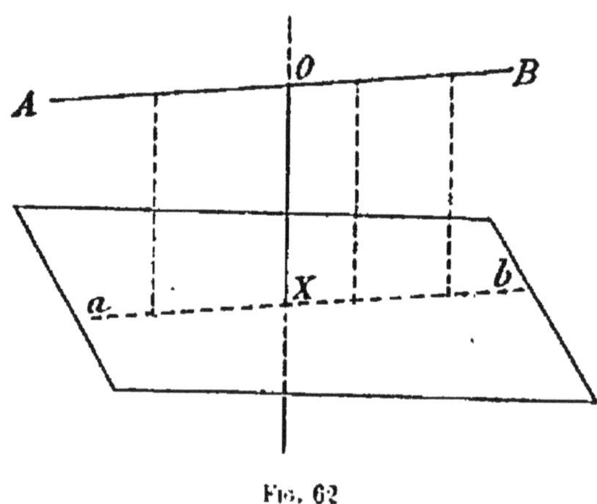

Fig. 62

Par le pied d'une perpendiculaire à un plan, on peut faire passer une infinité de lignes perpendiculaires elles-mêmes à cette ligne. *Et on peut donc envisager ce plan comme formé par la réunion de ces lignes perpendiculaires à la première.*

Si sur une perpendiculaire à un plan on choisit un point quelconque, on pourra imaginer une infinité de lignes droites parallèles au plan passant par le point choisi et menées dans tous les sens ; leur ensemble formera un nouveau plan qui ne rencontrera pas le premier et par conséquent lui sera parallèle.

Pour qu'un plan soit parallèle à un autre, *il suffit qu'il passe par deux lignes parallèles à ce plan et situées à la même distance de lui.*

On dit encore que deux plans sont parallèles, lorsqu'ils ne se rencontrent jamais, quelque loin qu'on suppose ces surfaces prolongées.

La distance de deux plans parallèles M, N se mesure par la longueur *mn* d'une ligne perpendiculaire menée d'un point quelconque *m* d'un des plans à l'autre comprise entre les deux plans considérés.

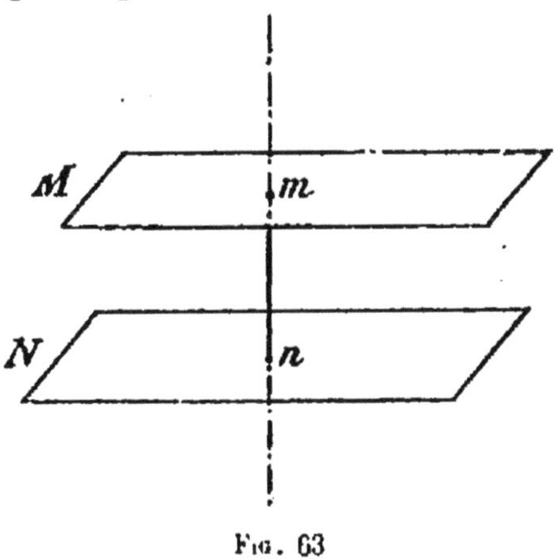

Fig. 63

On voit que l'on peut imaginer la ligne comme formée par la réunion d'une suite de points continus, et le plan par la réunion non interrompue de lignes droites.

On dit qu'une ligne est engendrée par un point que l'on suppose se mouvoir n'importe comment ; si sa direction reste toujours fixe il engendre une ligne droite. Souvent, une surface peut être considérée comme engendrée par le mouvement d'une ligne. Si la ligne génératrice est droite et, comme il est dit précédemment, est supposée se mouvoir en restant, dans chacune de ses positions, perpendiculaire à une autre ligne fixe, la surface formée par l'ensemble des positions occupées par la ligne qui se meut sera plane.

3° Figures solides

Polyèdres. — Lorsqu'ils se rencontrent, les plans forment aussi des figures.

Quand ces figures sont fermées, comme celle représentée par les faces d'une boîte, on les nomme des *solides* ou des *polyèdres*, du mot grec *poluédros*, à plusieurs bases, de *polus*, beaucoup ou nombreux, et *édra*, base ou siège.

Les lignes qui sont les intersections des plans qui se coupent ou se rencontrent deux à deux, forment des polygones plans, qui sont ce que l'on appelle les faces du solide, et les lignes d'intersection des plans sont les arêtes de ce solide.

L'espace intérieur enfermé dans les faces forme le volume du polyèdre.

Ainsi le volume d'une chambre, par exemple, est compris entre les plans formés par les parois intérieures des murs et le plafond et le plancher, quelle que soit la forme *régulière* ou *non régulière* de la pièce que l'on considère.

Les faces des polyèdres forment en se rencontrant des angles solides. Elles se rencontrent deux à deux suivant une arête, ou trois à trois, quatre à quatre, etc , en un même point qui est le sommet de l'angle. Ainsi, dans les angles d'une boîte ordinaire aboutissent trois faces au même point.

Quand on représente par le dessin un polyèdre, quand on calcule les volumes ou d'autres parties des solides qui sont inconnues ou que l'on ne peut mesurer directement, on choisit une face pour base du corps que l'on étudie.

On désigne ensuite les figures ou les parties que l'on considère par des lettres placées au sommet des angles.

Ainsi le cube, qui est formé de six faces, lesquelles sont des carrés égaux et se rencontrent par trois en formant des angles égaux droits, se représente par la figure qui montre ses douze arêtes :

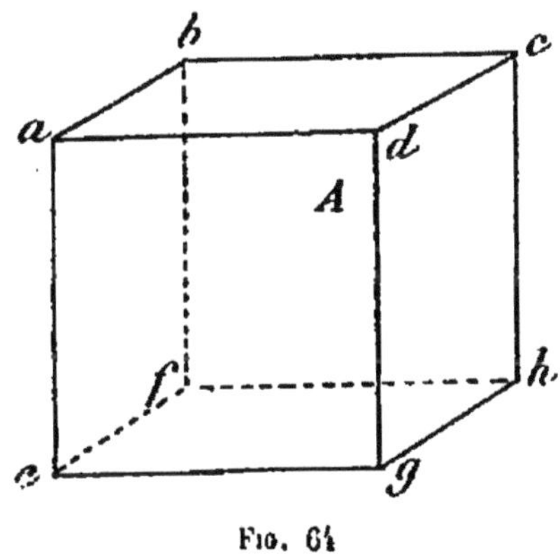

Fig. 64

ab, *bc*, *cd*, *da*,
ae, *bf*, *ch*, *dg*,
ef, *fh*, *hg*, *ge*.

La face *efhg*, par exemple, étant la base;

Et on dira le solide *abcdefgh*.

Les arêtes qui se trouvent en arrière des faces par lesquelles elles sont cachées sont marquées en points.

Quelquefois on désigne les faces par une lettre : par exemple, la face *bfhc* qui se trouve en arrière sera désignée par la lettre A.

Prismes et pyramides. — Les solides peuvent être réguliers, comme le cube, lorsque les faces et les angles sont égaux.

Ils peuvent encore être tels que des faces et des angles égaux soient disposés régulièrement autour d'un axe de symétrie ou bien de chaque côté d'un plan divisant le volume en deux parties semblables et appelé plan de symétrie.

Ainsi, si on considère la surface extérieure d'une règle ordinaire, on voit que c'est un polyèdre dont quatre faces sont parallèles à un axe, lequel a la direction des arêtes de ces faces qui sont également éloignées de cet axe. De plus, la figure est terminée par deux polygones plans égaux et parallèles entre eux.

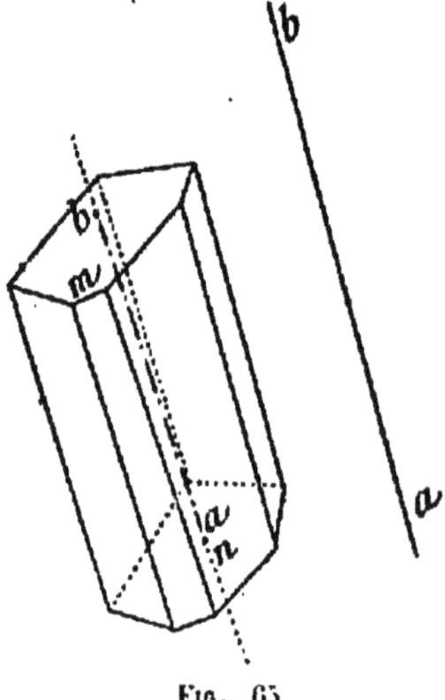

Fig. 65

On donne le nom général de *prismes* à des figures composées de faces parallèles à une direction *ab* et terminées par deux autres faces parallèles entre elles *mn* ou non parallèles. Ces deux surfaces sont appelées les bases du prisme.

Lorsque ces bases sont parallèles elles sont de même forme, égales en surface, et la perpendiculaire qui mesure leur distance se nomme la hauteur du prisme.

Les *pyramides* sont des solides dans lesquels les faces sont des triangles ayant un sommet commun S et dont les côtés opposés à ce sommet forment un polygone plan *abcd*, que l'on nomme la base.

On nomme hauteur d'une pyramide la perpendiculaire abaissée de son sommet S sur le plan de la base *abcd*.

Cette hauteur *h* mesure la distance de ce plan au sommet, soit qu'elle tombe dans l'intérieur du polygone de base ou bien en dehors de sa surface.

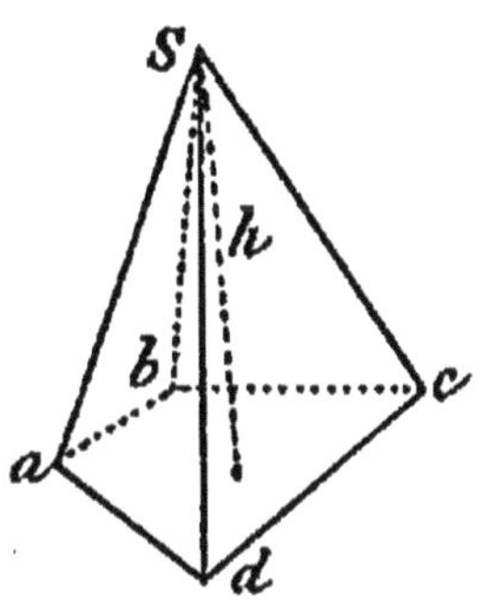

Fig. 66

Ainsi, soit un plan *mnop*, contenant la base *fghlk*, d'une pyramide dont le sommet est en A, la hauteur sera AB, si le pied de la perpendiculaire abaissée de A sur *mno* se trouve en B hors du polygone *fghlk*.

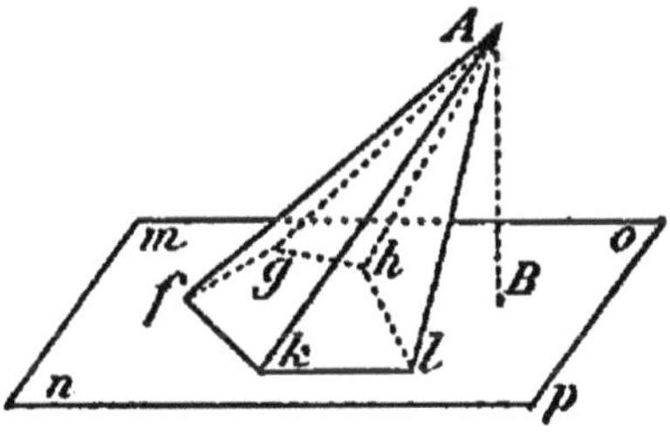

Fig. 67

Surfaces courbes. — Lorsqu'une surface n'est pas plane ou composée de surfaces planes qui se rencontrent, elle est appelée surface courbe ; telles sont par exemple les diverses parties du corps d'un animal.

Les surfaces courbes se coupent entre elles et sont coupées par les surfaces planes suivant des lignes courbes lorsqu'elles se rencontrent.

Sphère, cylindre, cône. — Il y a des surfaces courbes

régulières, comme la sphère par exemple qui est un solide tel que tous les points de sa surface sont à égale distance d'un point particulier fixe nommé centre de la sphère.

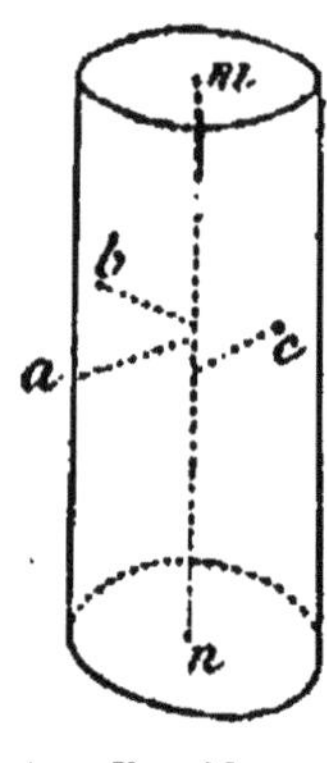

Fig. 68

La distance au centre, commune à tous les points du même solide et variant d'une sphère à l'autre, se nomme le rayon de la sphère.

Le *cylindre* est un solide formé d'une surface courbe et de deux surfaces planes.

La surface courbe est telle que toutes les perpendiculaires menées des différents points *a*, *b*, *c*, etc., de cette surface sur une ligne appelée l'axe du cylindre *mn* sont égales.

Un bâton de verre, une colonne ayant la même épaisseur en tous leurs points représentent des cylindres.

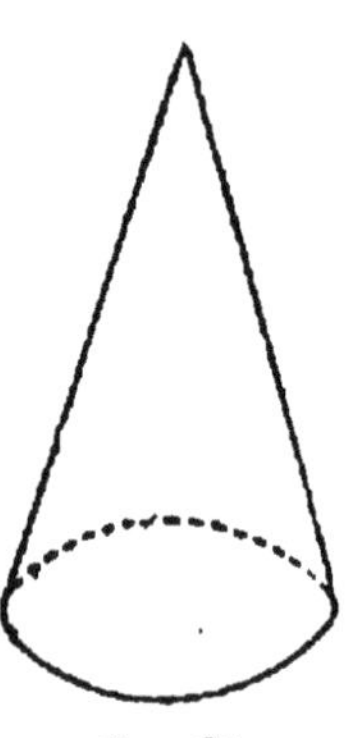
Fig. 69

Un *cône* est une surface courbe ayant un sommet comme la pyramide et terminée par une surface plane limitée par une ligne courbe quelconque.

On peut envisager les lignes, les surfaces et les volumes comme formés par la réunion d'éléments plus petits, aussi petits que l'on voudra. — Si on a vu que l'on peut considérer la ligne comme formée d'une suite indéfinie et non interrompue de points se touchant les uns les autres, on comprendra que l'on peut concevoir les surfaces comme formées par la réunion de surfaces plus petites, aussi petites que l'on voudra et d'une forme choisie, placées sans intervalle les unes à côté des autres.

Enfin les volumes seront supposés formés par une réunion semblable de solides plus petits, d'une même forme et d'une même grandeur choisie.

Cette manière d'envisager la ligne, les surfaces et les volumes a permis d'effectuer leur mesure.

Ainsi, si on peut décomposer une surface d'une forme quelconque en 250, par exemple, petits carrés égaux ayant 1 millimètre de côté, on dira qu'elle a pour mesure de son étendue 250 millimètres carrés.

Un solide ayant un volume tel qu'il peut contenir 34 petits cubes ayant 1 millimètre de côté ou 1 centimètre, on dira que la mesure de son volume est 34 millimètres cubes ou 34 centimètres cubes.

4° Figures de révolution

Si, par la pensée, on suppose une ligne se mouvant dans l'espace, si cette ligne laissait sa trace en chacune des positions qu'elle occupe successivement, il arriverait que l'ensemble de ces traces formerait une surface qui serait la représentation du chemin parcouru par chacun des points de la ligne pendant son trajet.

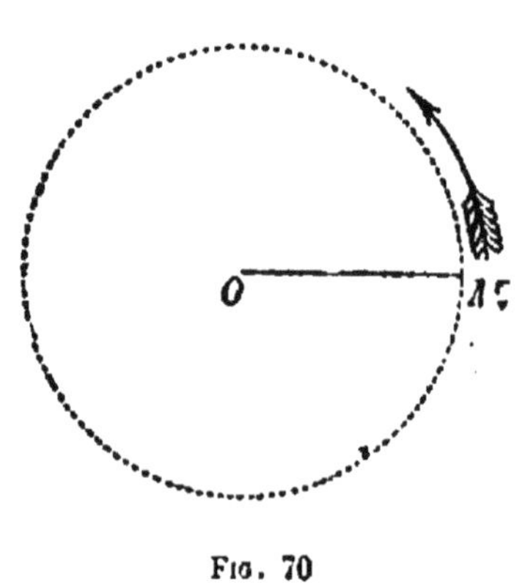

Fig. 70

Ainsi, lorsqu'on supposera une ligne tournant dans un plan, dans le sens de la flèche par exemple, une de ses extrémités O restant fixe, sa trace formera un cercle dont le centre serait le point O, tandis que l'autre extrémité M de la ligne dessinerait la circonférence du cercle.

En effet, dans toutes les positions qu'il occupe, le point M est à la même distance du point O.

C'est ce qui arrive lorsque l'on trace une circonférence avec un compas en plaçant une des deux pointes de l'instrument au point que l'on choisit comme centre et en faisant tourner, sur la surface sur laquelle on veut dessiner le cercle, l'autre pointe munie d'un crayon ou d'une plume.

Si une ligne droite indéfinie *ab* tourne autour d'une autre ligne droite AB parallèle à la première *ab*, en restant toujours parallèle à la ligne AB et à la même distance d'elle, cette droite parcourra la surface d'un cylindre.

On dit qu'elle engendre une surface cylindrique.

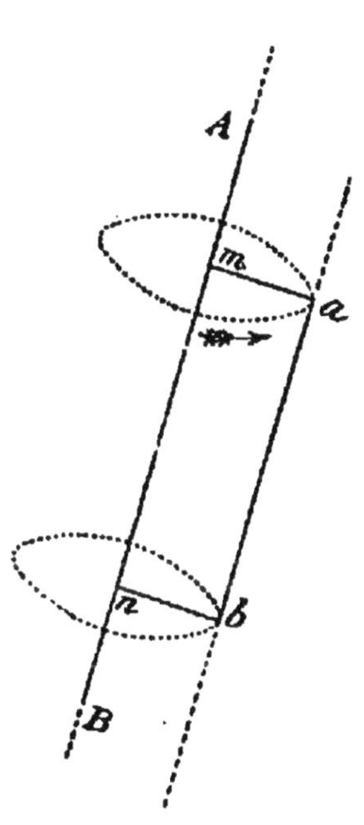

FIG. 71

Lorsque la ligne qui se meut est unie à sa parallèle par deux perpendiculaires *am* et *bn* communes aux deux droites AB et *ab* et dont les pieds *ab* limitent la longueur de la droite *ab*, pendant que *ab* dessine la surface courbe du cylindre, les lignes *am* et *nb* dessineront deux cercles dans le plan qu'elles parcourent ; et, après une révolution complète autour de AB, c'est-à-dire lorsque la ligne *ab*, ayant accompli un tour complet sera revenue à sa position première *ab*, le parallélogramme rectangle *mnab* aura engendré le solide fermé, que l'on nomme le cylindre droit, parce que l'axe *mn* du cylindre est perpendiculaire aux plans des bases et se confond par conséquent avec la hauteur menée par les centres de ces bases *m* ou *n*.

On peut concevoir la portion d'un plan limitée par les droites *ab* et AB, *ma*, *nb*, c'est-à-dire la surface du polygone *manb*, tournant tout entière autour de AB. L'ensemble de toutes les positions occupées successivement par la portion de plan qui se meut engendre le volume du cylindre dont *ab* engendrait la surface et dont AB est l'axe.

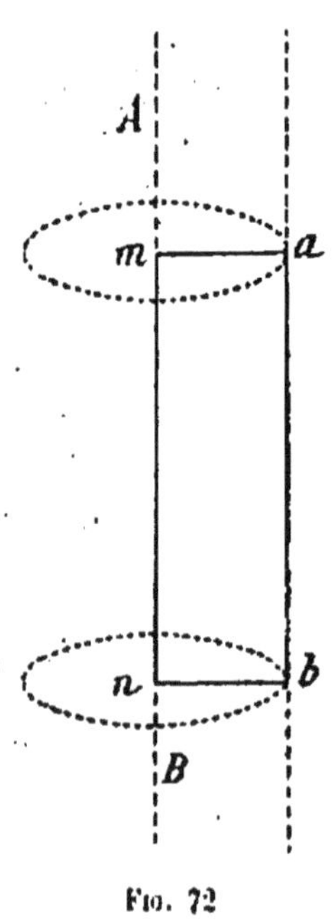

Fig. 72

La droite *ab* est appelée la génératrice du cylindre. Et, comme on a supposé qu'elle prenait successivement toutes les positions sur la surface du cylindre, toute ligne parallèle à un axe AB, située sur la surface d'un solide à surface cylindrique, pourra aussi être appelée une génératrice du cylindre.

On peut considérer une ligne droite BC et une autre *bc* qui ne lui est pas parallèle, mais qui lui est oblique et la coupe en un point A. Si on suppose la ligne *bc* tournant autour de la première BC, qui au contraire reste fixe, en passant toujours par le point A et en faisant toujours le même angle avec BC, cette droite *bc* engendrera la surface courbe d'un cône, figure qui peut être composée de deux surfaces semblables ayant un sommet commun A.

On exprime ce fait en disant que la figure complète possède deux nappes, qui sont opposées par le sommet; si la ligne tournante était limitée, par exemple si c'était la portion A*b*, elle engendrerait un cône simple, dont la base serait le cercle dont le point *b* trace la circonférence.

La ligne *bc* est ce que l'on appelle la génératrice de la surface qu'elle parcourt et que l'on nomme surface conique.

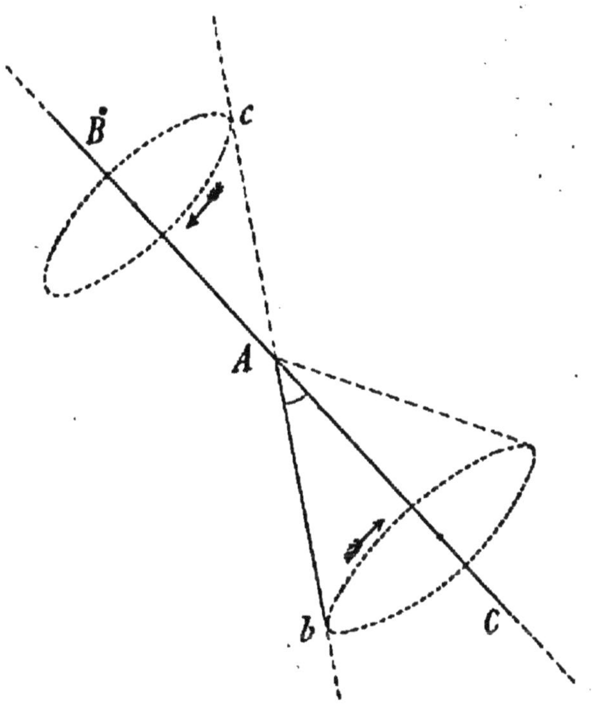

Fig. 73

BC est l'axe de la surface conique tracée par *bc* et du cône tracé par A*b*.

Si on considère un triangle ABC tel que le côté AB soit perpendiculaire au côté BC, on a un triangle appelé triangle rectangle parce que l'angle B est un angle droit.

Ce triangle, tournant autour du côté AB que l'on suppose rester fixe pendant tout son mouvement, les côtés AB et BC formeront le premier la surface courbe, le second la base plane d'un cône, tandis que la surface du triangle ABC engendrera le volume du même cône.

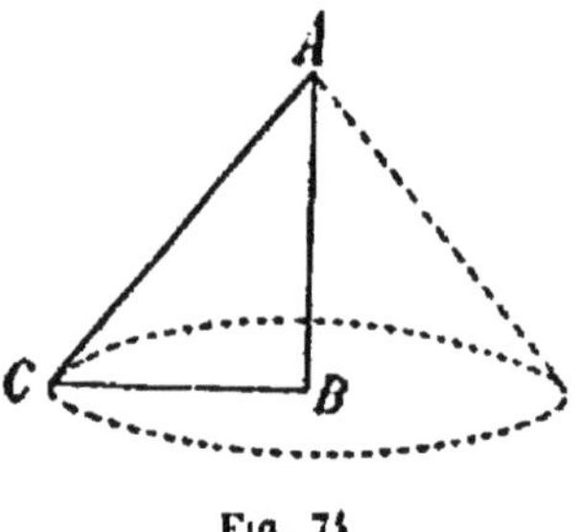

FIG. 74

Les lignes courbes, en tournant autour d'un axe et de telle sorte que, dans tous les plans où elles se trouvent successivement, les différents points de ces lignes se trouvant toujours dans la même position par rapport à la ligne fixe, c'est-à-dire à la même distance d'elle, les lignes tournantes aient tou-

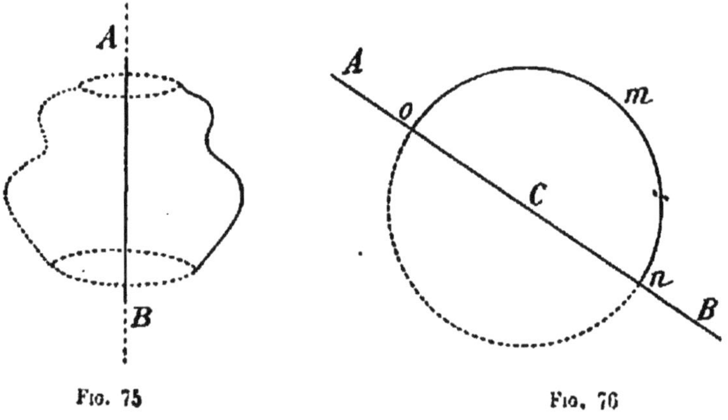

FIG. 75 FIG. 76

jours la même position par rapport à l'axe, ces lignes engendrent des surfaces plus ou moins variées suivant leur propre forme.

Un demi-cercle *omn*, dont le centre est en C, tournant autour d'un diamètre *on*, dessinera dans l'espace une sphère dont la demi-circonférence *omn* dessinera la surface.

Toutes les surfaces ainsi formées par le mouvement d'une ligne autour d'une ligne droite fixe et que l'on appelle l'axe de la figure sont nommées surfaces de révolution.

Il est un jeu qui permet de réaliser pour les yeux les

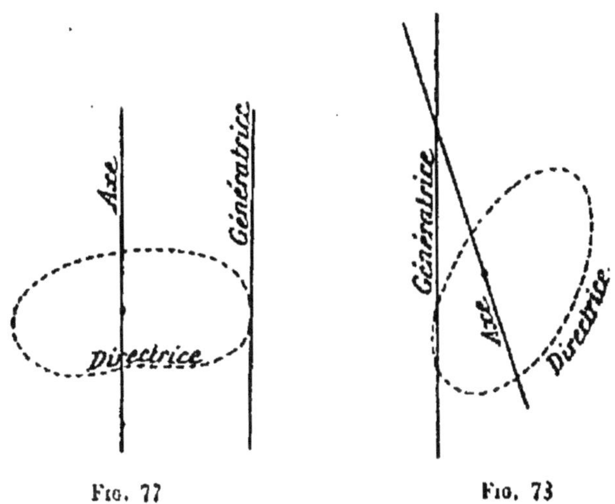

Fig. 77 Fig. 78

surfaces de révolution. Ce jeu consiste à faire tourner, comme un tonton rapidement, par exemple une tige métallique contournée ou une petite bande de papier découpée, portée par un axe. L'impression sur l'œil est telle que l'on voit, non plus une ligne tournant autour d'un axe, mais une surface dont la forme apparente est celle de la tige. On représente un objet quelconque choisi en donnant à la tige génératrice la forme extérieure de cet objet.

On peut généraliser la définition des figures cylindriques et coniques (fig. 77 et 78).

Ainsi on regardera les surfaces cylindriques comme engendrées par le mouvement d'une droite génératrice, tournant autour d'un axe fixe, auquel elle reste constamment parallèle pendant tout son mouvement et qui en même temps s'appuie toujours sur une courbe plane, régulière ou non, que l'on nomme la directrice du mouvement.

Les surfaces coniques seront considérées comme engendrées par le mouvement d'une génératrice passant toujours par le même point d'une autre droite fixe et s'appuyant sur une courbe directrice plane.

5° Limites

Si par exemple on considère le plus simple des polygones : le triangle, et parmi les triangles celui qui a ses trois côtés égaux et ses trois angles égaux, que l'on nomme le triangle *équilatéral.*

Supposons le cercle passant par les trois sommets de ce triangle équilatéral ABC.

On dit que le triangle est *inscrit* dans le cercle dont le centre est *o*.

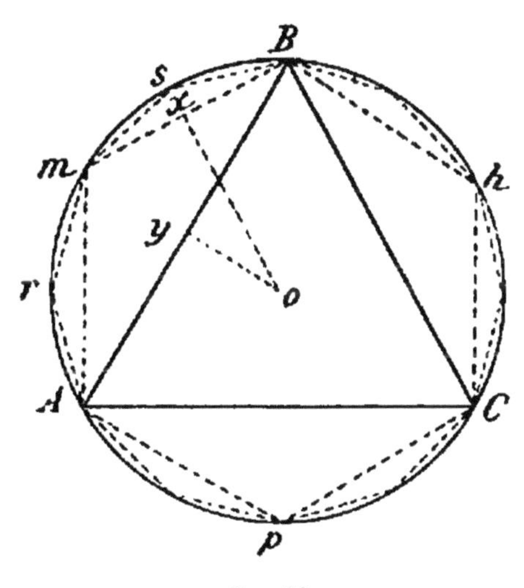

Fig. 79

Le cercle est dit *circonscrit* au polygone. Son centre *o* est en même temps appelé centre du triangle.

La circonférence du cercle ayant trois cordes égales AB, BC, CA est divisée en trois arcs A*m*B, B*n*C, C*p*A égaux.

Si on suppose chaque arc partagé en deux parties égales A*rm*, *ms*B, etc., et que l'on mène les cordes de ces nouveaux arcs égaux A*m*, *m*B, B*n*, *n*C, C*p*, *p*A, on formera un nouveau polygone qui sera formé de deux fois plus de côtés. Ce polygone à six côtés est régulier, car ses côtés sont égaux, ainsi que ses angles. Il a, comme le triangle, tous ses sommets sur une même circonférence ; il est, pour cela, dit aussi inscrit comme tous les polygones, réguliers ou non, qui ont tous leurs sommets situés sur une même circonférence.

Les polygones qui sont tels que l'on peut faire passer une circonférence à la fois par tous leurs sommets, sont appelés polygones inscriptibles et on donne le nom de centre du polygone au centre du cercle que l'on peut circonscrire.

Dans les polygones inscrits, toute perpendiculaire abaissée du centre du polygone sur un côté, telle que *oy* dans le polygone ABC, *ox* dans le polygone A*m*B*n*C*p*, se nomme une apothème du polygone. Dans un même polygone régulier, toutes les apothèmes sont égales.

On peut encore supposer les six arcs égaux formés sur le cercle par les sommets du polygone inscrit de six côtés, divisés chacun en deux parties égales. En joignant ces nouvelles divisions aux anciennes, on formera un nouveau polygone de douze côtés.

On peut continuer à former ainsi une infinité de polygones inscrits dans le même cercle.

Le contour d'un polygone est ce que l'on nomme son *périmètre*. Il est égal en longueur à la somme des longueurs de chacun de ses côtés.

Il est facile de voir que la somme de ces côtés, c'est-à-dire le périmètre des polygones que l'on inscrit ainsi, augmente de plus en plus, et sa longueur s'approche de plus en plus d'être égale à la circonférence qui circonscrit les polygones.

Les apothèmes augmentent aussi de longueur et deviennent de plus en plus près d'atteindre la grandeur du rayon.

En même temps, la surface des polygones augmente aussi de plus en plus et tend à devenir égale à celle du cercle.

On peut, pour étudier ces propriétés de polygones inscrits aux cercles, partir d'un polygone régulier ou irrégulier quelconque, inscriptible, diviser les arcs qu'il forme, chacun en un nombre quelconque de parties égales.

On exprime ce fait en disant que la circonférence est la limite vers laquelle tendent les périmètres des polygones inscrits dans cette circonférence à mesure que le nombre de leurs côtés augmente, tandis que le cercle est la limite vers laquelle tend leur surface.

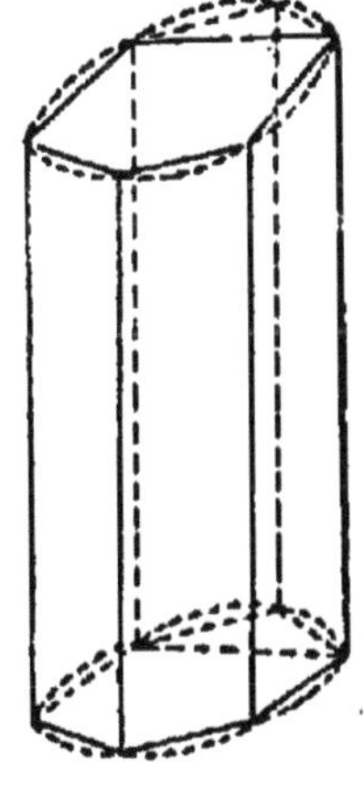

Fig. 80

On peut concevoir des solides inscrits dans des surfaces courbes, ainsi un polyèdre ayant tous ses sommets sur une même sphère.

La surface enveloppante est la limite vers laquelle tendent les surfaces des solides inscrits, à mesure que le nombre de leurs faces augmente, tandis qu'ils restent toujours inscrits.

Si un prisme est tel que ses arêtes se confondent avec les génératrices d'un cylindre et que ses bases soient inscrites dans les bases du cylindre; si, les bases restant toujours dans les mêmes plans, on suppose former de nouveaux prismes à faces plus nombreuses et à arêtes se confondant aussi avec les génératrices du même cylindre, ce cylindre pourra être regardé comme la limite vers laquelle tendent les surfaces et les volumes des prismes inscrits.

6° Formules de mesure des surfaces et des volumes

La surface d'un triangle est égale à la moitié du produit de la base par la hauteur correspondante de ce triangle. — Lorsque l'on considère un triangle, on peut prendre pour base un côté quelconque. Si dans le triangle ABC on choisit le côté BC pour base, on nommera hauteur la perpendiculaire abaissée sur BC du sommet A opposé à cette base, c'est-à-dire la ligne AD.

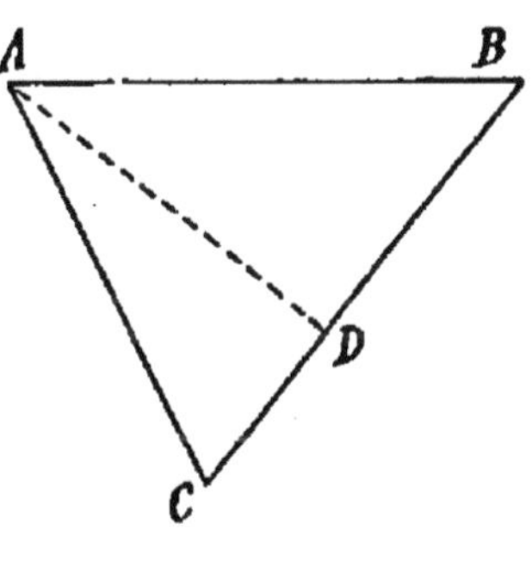

Fig. 81

Et, puisque l'on peut choisir un côté quelconque comme base, à chaque côté du triangle correspond une hauteur particulière à ce côté.

La surface d'un triangle, ABC par exemple, est égale à la moitié du produit du nombre qui représente la longueur d'une base, multiplié par celui qui représente la longueur de la hauteur du triangle *correspondant à la base choisie* et mesurée avec la *même unité* qu'elle.

Si par exemple on désigne par S le nombre qui représente la mesure de la surface du triangle, par b celui qui mesure la longueur de la base, et par h la longueur de la hauteur, on pourra écrire ce que l'on nomme une *formule algébrique* qui exprime les mesures qu'il faut faire et les calculs à effectuer pour connaître la surface d'un triangle :

$$S = \frac{1}{2} b \times h$$

Si on trouve pour b mesuré 25 mètres et pour h 18 mètres, la formule générale deviendra dans ce cas :

$$S = \frac{25 \times 18}{2}$$

Et, en faisant le calcul $\frac{25 \times 18}{2}$, on trouvera $\frac{450}{2}$ ou 225.

Et, si on a mesuré b et h par le mètre, S sera égale à 225 mètres carrés, et l'on écrira $S = 225^{mq}$.

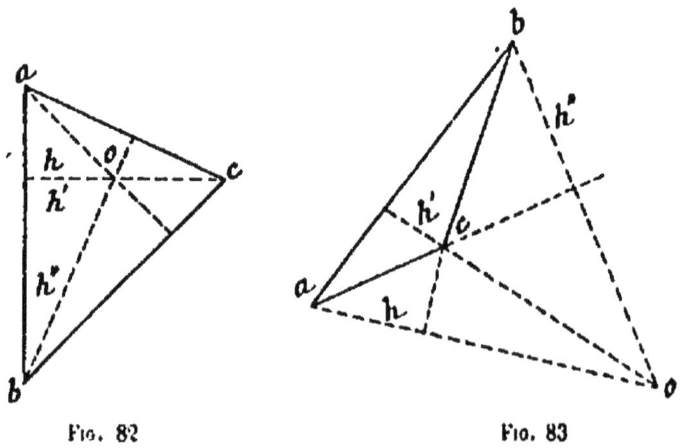

Fig. 82 Fig. 83

On a démontré que les trois hauteurs h, h', h'', d'un triangle quelconque abc se rencontrent, elles ou leurs

prolongements, en un même point o situé à l'intérieur ou à l'extérieur d'un triangle.

La surface d'un parallélogramme est égale au produit de sa base par sa hauteur. — Lorsque l'on veut obtenir la mesure de la surface d'un parallélogramme, on choisit un des côtés cd comme base et on mesure la longueur mn de la perpendiculaire abaissée sur le côté opposé ab, c'est-à-dire la distance qui sépare ces deux côtés parallèles; on nomme cette ligne la hauteur du parallélogramme par rapport à la base choisie.

La surface est égale au produit du côté choisi par la hauteur correspondante.

Ainsi, si on désigne par S la surface d'un parallélogramme $abcd$, par b la longueur de la base choisie, par h celui de la hauteur correspondante, la mesure de la surface d'un parallélogramme sera représentée par la formule générale :

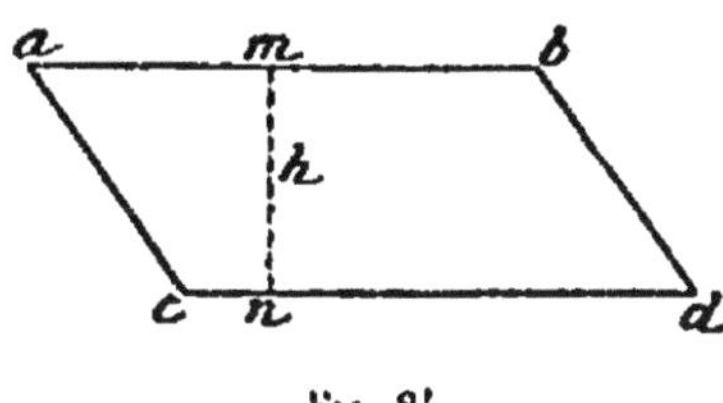

Fig. 84

$$S = b \times h \text{ ou } S = bh.$$

Si, au lieu de prendre pour base une des lignes du système de parallèles ab, bc, on prenait une ligne du système bd, ac, on trouverait une autre hauteur pq correspondant au système bd, ac.

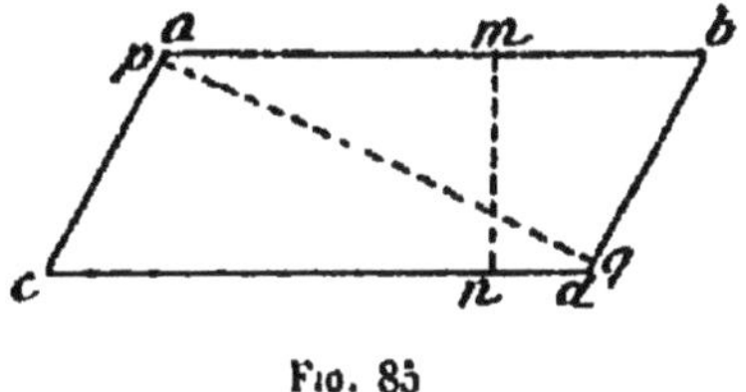

Fig. 85

Donc le parallélogramme a quatre bases égales deux à deux et deux hauteurs.

La surface d'un polygone régulier est égale à la moitié du produit de son périmètre par son apothème. — Un polygone régulier est toujours inscriptible, c'est-à-dire que si, par trois de ses sommets *abc*, par exemple, on fait passer un cercle, ce même cercle passera par tous les autres sommets.

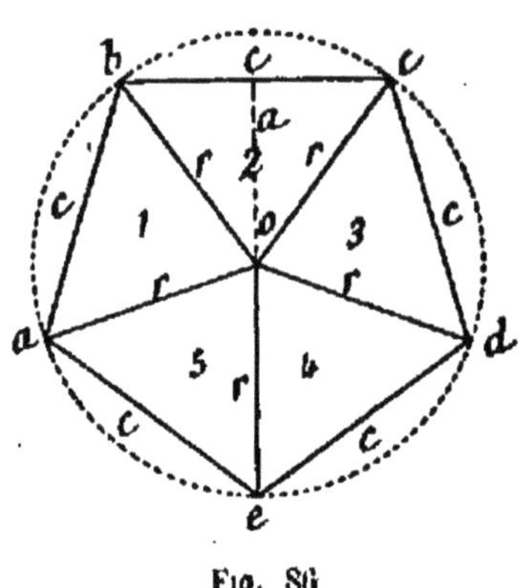

FIG. 86

Si par son centre on mène les rayons au sommet d'un polygone régulier, on le divise ainsi en triangles égaux.

Chacun de ces triangles a pour surface la moitié du produit d'un côté du polygone (*c*) par sa hauteur, c'est-à-dire l'apothème (*a*) du polygone

$$\frac{1}{2}\,a.c$$

et il y a autant de triangles que de côtés du polygone (*n*) par exemple.

La surface du polygone sera donc *n* fois la surface $\frac{1}{2}\,a.c$

$$\text{ou } n \times \frac{1}{2}\,a.c$$

$$\text{ou } \frac{1}{2}\,a \times n.c$$

La longueur *nc* est égale au périmètre du polygone.

Donc la surface d'un polygone régulier est égale à la moitié du produit de la longueur de son apothème par la longueur de son périmètre, c'est-à-dire la longueur d'un côté multipliée par le nombre de ces côtés.

Soit le polygone à cinq côtés ou pentagone régulier.

Les rayons r du cercle circonscrit o le divisent en cinq surfaces triangulaires ayant chacune pour mesure $\frac{1}{2}\,a \times c$, donc S sera $\frac{1}{2}\,a \times 5\,c$.

La surface d'un trapèze est égale à la moitié du produit de la somme de ces bases par la hauteur de ce trapèze. — Un trapèze *abcd* peut être divisé en deux triangles par une diagonale *abc* et *bcd* : la somme de leurs deux surfaces sera la mesure du polygone entier, si on la désigne par S,

$$S = s^1 + s^2$$

$$s^1 = \frac{ab \times cm}{2}$$

$$s^2 = \frac{cd \times bn}{2}$$

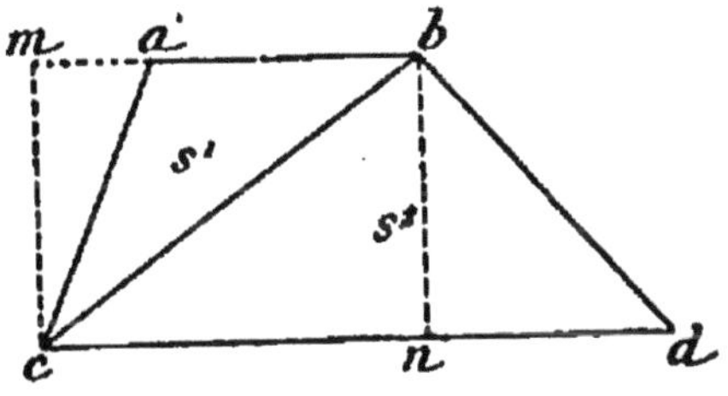

FIG. 87

Mais, comme *ab* et *cd* sont parallèles, les hauteurs *cm* et *bn*, qui mesurent leur distance, sont égales à ce que l'on nomme la hauteur du trapèze, soit h leur longueur

$$S = \frac{1}{2}\,ab \times h + \frac{1}{2}\,cd \times h$$

$$\text{ou } \frac{1}{2}\,h\,(ab + cd)$$

Les côtés *ab*, *cd*, parallèles entre eux, d'un trapèze sont nommés les bases du trapèze.

La longueur de la circonférence d'un cercle est égale à $2\pi r$ sa surface πr^2. — Le quotient de la longueur de la circonférence d'un cercle par la longueur de son diamètre, c'est-à-dire ce que l'on nomme le rapport de la circonférence au diamètre, est un nombre dit *constant*, c'est-à-dire *qu'il est le même pour tous les cercles.*

On le désigne par le signe π qui est la lettre P de l'alphabet grec et se prononce *pi*.

Ainsi, quel que soit le rayon d'un cercle r, si c représente la longueur de la circonférence de ce cercle

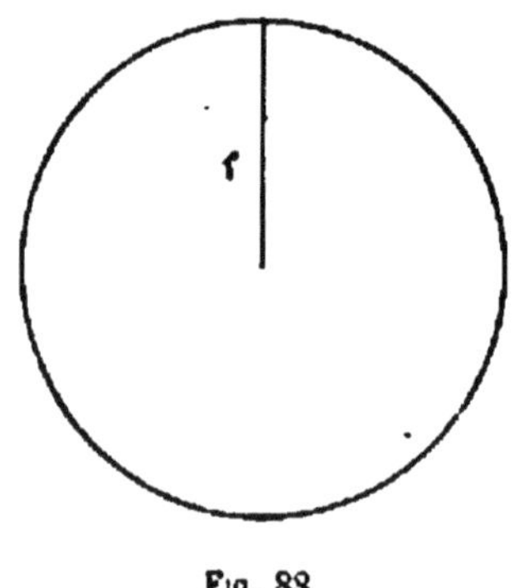

FIG. 88

$$\frac{c}{2r} = \pi$$

π égale 3,1415,

d'où l'on conclut que $C = 2r\pi$ ou $2\pi r$.

La circonférence pouvant être considérée comme un polygone régulier d'un nombre infini de côtés infiniment petits, dont le périmètre égale la longueur c et dont l'apothème sera le rayon dont la longueur est représentée par r, la surface du cercle du rayon r sera donc, comme celle du polygone de périmètre c,

$$S = \frac{1}{2} cr$$

$$\text{ou } \frac{1}{2} 2\pi r \times r$$

La surface du cercle sera donc exprimée par la formule générale

$$S = \pi r^2$$

D'une manière générale, pour calculer la surface d'une figure quelconque, on la divise en triangles et polygones tels que l'on puisse connaître leur surface, puis on fait la somme de toutes les surfaces partielles, ce qui donne la mesure de la surface entière de la figure.

Volume du prisme et du cylindre. — Lorsque les bases d'un prisme sont parallèles, le volume d'un tel prisme est égal au produit du nombre qui mesure la surface de sa base par celui qui représente la longueur de sa hauteur.

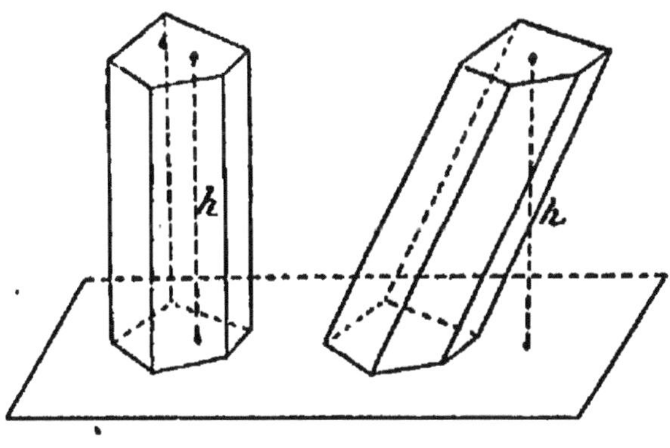

Fig. 89

Ainsi soient deux prismes, l'un dont les arêtes sont perpendiculaires aux plans des bases, et un autre dont les bases sont à la même distance h l'une de l'autre que les bases du premier prisme considéré et, de plus, égales à celle-ci.

Le premier prisme est appelé *prisme droit ;* ses arêtes sont égales à la hauteur.

Le second prisme est dit *oblique;* ses arêtes sont égales entre elles.

Ces deux polyèdres auront pour volume, en désignant par h leur hauteur, par S la surface de chacune des quatre bases égales :

$$V = S \times h$$

Supposons qu'ayant trouvé 52 millimètres carrés pour la valeur de S on ait pour hauteur 163 millimètres.

V sera 52 × 163 = 8476, c'est-à-dire 8,476 millimètres cubes.

Or, comme un centimètre cube contient 1,000 millimètres cubes :

V sera 8 centimètres cubes 476 millimètres cubes ou 8^{cmc},476.

Le volume du cylindre étant la limite vers laquelle tendent les volumes des prismes inscrits dans ce cylindre à mesure que le nombre de leurs faces augmente, on peut concevoir que le volume du cylindre sera exprimé par la même formule

$$V = S \times h$$

Volume de la pyramide et du cône. — Le volume d'une pyramide est égal au tiers du produit de la surface de sa base par sa hauteur

$$V = \frac{1}{3} S \times h \text{ ou } \frac{Sh}{3}$$

Le volume du cône est exprimé par la même formule

$$V = \frac{1}{3} S \times h.$$

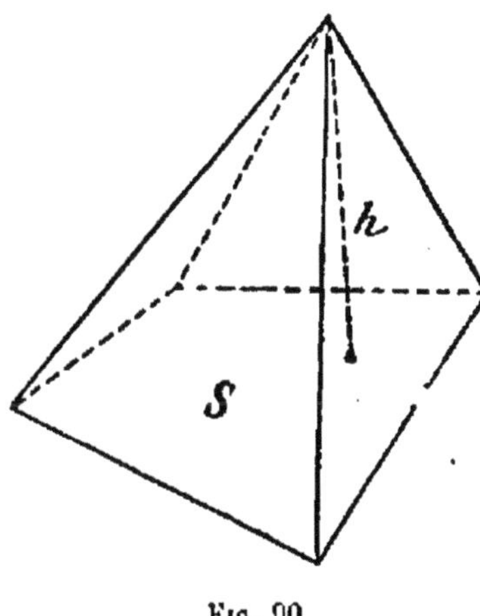

Fig. 90

Volume de la sphère. — Le volume d'une sphère est donné par la formule, r étant son rayon,

$$V = \frac{4}{3} \pi r^3.$$

II

APPLICATION DE LA GÉOMÉTRIE A LA REPRÉSENTATION DES OBJETS PAR LE DESSIN

1° Principes d'après lesquels on établit les plans et les cartes

Projection sur un plan. — Soient un point *m* et un plan représenté par la surface du polygone *abcd*. Si d'un autre point *n* je mène une ligne droite passant par le point *m*, elle rencontre le plan *abc* en un autre point *p*.

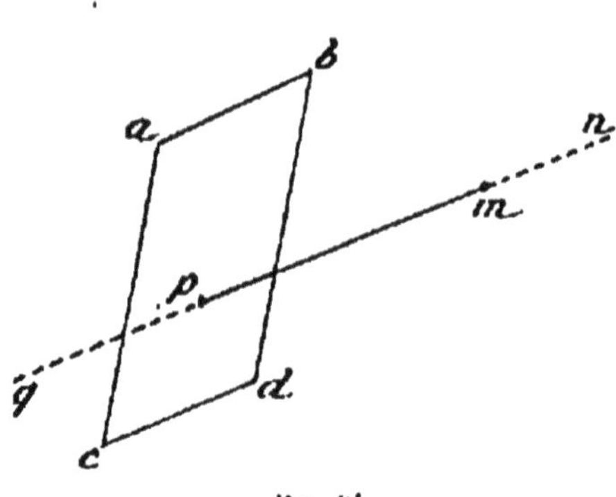

Fig. 91

Cette trace de la ligne *mq* est ce que l'on appelle une *projection* du point *m*, sur le plan choisi, suivant la direction *nq*.

Si on a plusieurs points *mrs*, en traçant des lignes venant du point *n* et passant par ces points, les points *m'*, *r'*, *s'*..., où ces droites rencontrent le plan *abcd*, seront des projections des points *mrs* sur le plan choisi et le polygone *m'r's'*... sera la projection de la figure *mrsmrs*..., que les points soient ou non dans un même plan.

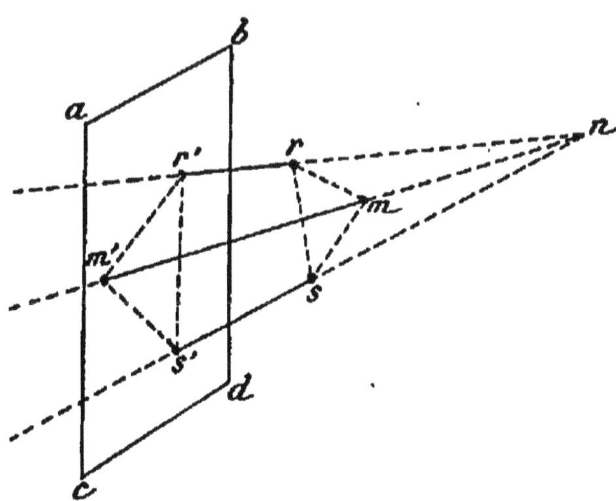

Fig. 92

On représente, sur les dessins, les objets par la projection des différents points qui les forment, sur un plan choisi de façon à rendre le dessin le plus clair possible.

Dans les dessins géométriques, ordinairement on choisit le point *n* en le supposant situé à l'infini ; cela revient à supposer toutes les lignes venant de lui et passant par les points à projeter, parallèles entre elles puisqu'elles ne se rencontrent qu'à l'infini, c'est-à-dire jamais.

De plus, on choisit le plan *abcd*, que l'on désigne sous le nom de *plan de projection*, *perpendiculaire* à la direction *mq* des lignes projetantes.

Alors la projection d'un point sur un plan sera le

pied de la perpendiculaire abaissée de ce point sur le plan choisi.

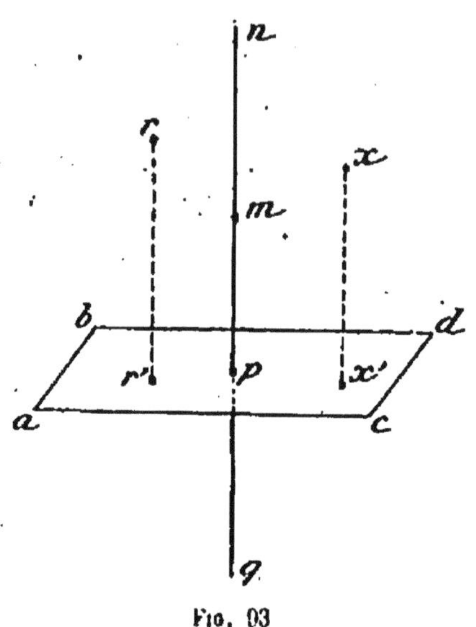

Fig. 93

Pour obtenir la projection d'une droite *ab*, il faudrait projeter chacun de ses points ; mais la projection d'une ligne droite sera déterminée lorsque l'on connaîtra les projections *m* et *n* de deux de ses points M et N sur un plan, car ce sera la ligne droite qui joindra les points *m* et *n*.

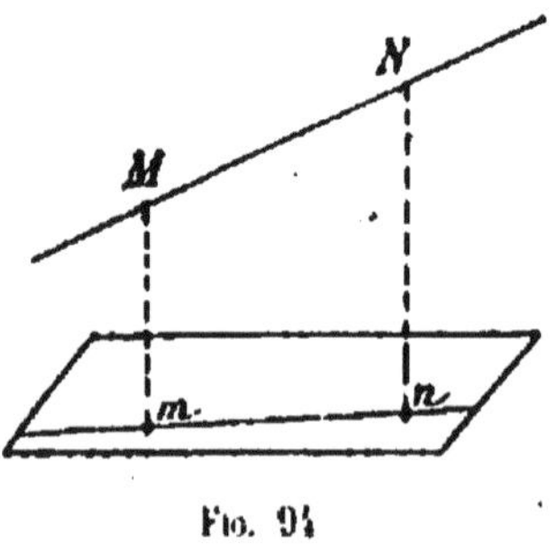

Fig. 94

Donc on figurera les objets par la projection des lignes dont leur surface est toujours composée. Ces lignes sont, comme on le voit lorsque l'on observe avec attention ces objets, les intersections des surfaces planes ou courbes qui leur donnent leur forme, qui les terminent, comme l'on dit.

Lorsque l'on a à dessiner la projection d'une ligne courbe, il faut déterminer la projection du plus grand nombre de points que l'on pourra, de préférence celle de ceux où la courbe change brusquement de direction. On réunit ensuite par un trait tous les points ainsi déterminés. Si on joignait successivement les points obtenus par des lignes droites, on obtiendrait une ligne brisée, se rapprochant d'autant plus de la courbe cherchée qu'il y aurait un plus grand nombre de projections tracées.

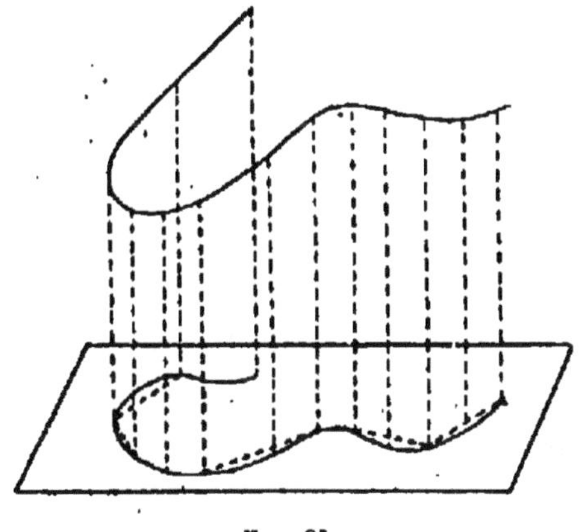

Fig. 95

Aussi, lorsque l'on en a suffisamment, on les joint par une courbe convenable.

Il y a certaines courbes dont tous les points ont leur position déterminée par rapport à celle d'un ou plusieurs points ou d'une ou plusieurs lignes, comme la circonférence par exemple, l'ellipse, la parabole, l'hyperbole.

Ces courbes ont leur projection facilement déterminées, dès que l'on connaît celle de certains de leurs points ou de leurs axes, par exemple celle du centre et du diamètre d'un cercle.

A l'aide de la règle et du compas, on tracera de suite la courbe de projection.

Cotes. — Pour pouvoir bien lire un plan, il ne suffit pas d'y voir tracées les projections de l'objet.

Car, soit *n* la projection, par perpendiculaire abaissée, d'un point M sur un plan.

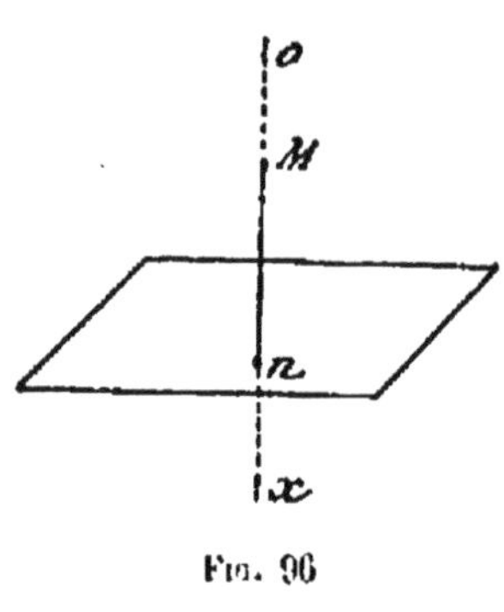

Fig. 96

Tous les points situés sur la perpendiculaire *no*, même ceux situés au dessous, tels que *x*, auront *n* pour projection sur ce plan. Et il faut savoir quel est celui de ces points que l'on a voulu représenter; alors, on marque la hauteur M*n* du point M au-dessus du plan choisi, à côté du point représentant sa projection, par le nombre indiquant la longueur de M*n*. Ainsi, si sur un plan un point *n* représente la projection d'un autre point M, céla voudra dire que ce dernier point se trouve sur une perpendiculaire élevée en un certain

Fig. 97

point d'un plan que l'on a choisi, au-dessous du point M, et que représente le plan du dessin; et, si à côté de ce point *n* il y a un nombre 25, par exemple, ce nombre voudra dire que M se trouve à 25 mètres du plan choisi et sur une perpendiculaire à ce plan.

Échelles de mesure. — Il est bien rare que l'on représente sur les dessins les objets avec les dimensions qu'ils ont bien réellement dans la nature. Le plus souvent cela serait tout à fait impossible. Aussi on choisit un rapport entre la grandeur réelle de l'objet et celle que l'on peut ou que l'on veut donner au dessin que l'on veut en faire. Ainsi, on donnera à toutes les dimensions linéaires, c'est-à-dire à toutes les longueurs du dessin, une valeur 2 fois, 3 fois, 6 fois, 500 ou 1000 fois moindre que la valeur réelle de ces mêmes longueurs, prises sur l'objet même, ou que l'on veut donner à l'objet ou au travail que l'on veut faire exécuter. Ce rapport, constant pour un même dessin, est ce que l'on nomme l'échelle du plan. Et on dit qu'un plan géométrique est fait à l'échelle de la moitié, du tiers, etc..., du $\frac{1}{6}$, du $\frac{1}{500}$, du $\frac{1}{1000}$, etc...

On inscrit l'échelle sur les plans et, de plus, généralement on trace sur une ligne des traits indiquant la longueur que l'unité de mesure choisie, millimètre, centimètre ou kilomètre, etc., doit avoir sur le dessin, ainsi que ses multiples par 10, 20, 30, etc., suivant l'étendue du dessin.

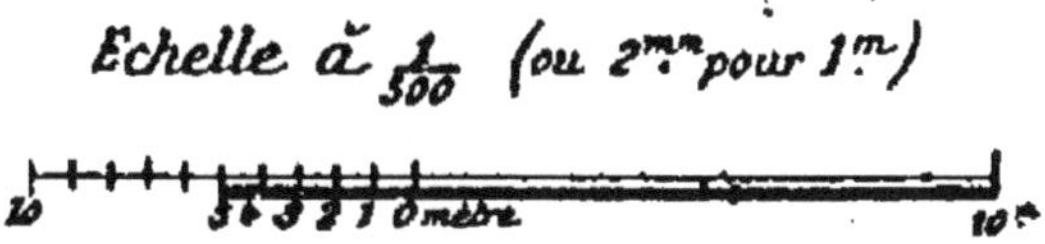

Fig. 98

Il arrive que l'on fait parfois des dessins plus grands que l'objet réel. C'est lorsque l'on veut bien faire voir des détails qu'il serait trop difficile ou impossible de grouper clairement sur un dessin.

On agit toujours ainsi pour les objets que l'on ne peut observer qu'à la loupe ou au microscope.

On indique alors sur le plan que l'échelle est du double, du triple, etc., ou que le grossisement est de 25, 200, etc., en longueur.

Projection sur deux plans d'un même objet. — Pour ne pas surcharger un plan de détails et surtout éviter l'inscription de cotes, on fait, pour le même objet, deux plans; dans l'un on représente sa projection sur l'horizon, ou plutôt sur un plan parallèle à l'horizon : dans l'autre, on la représente sur un plan perpendiculaire au premier, c'est-à-dire vertical.

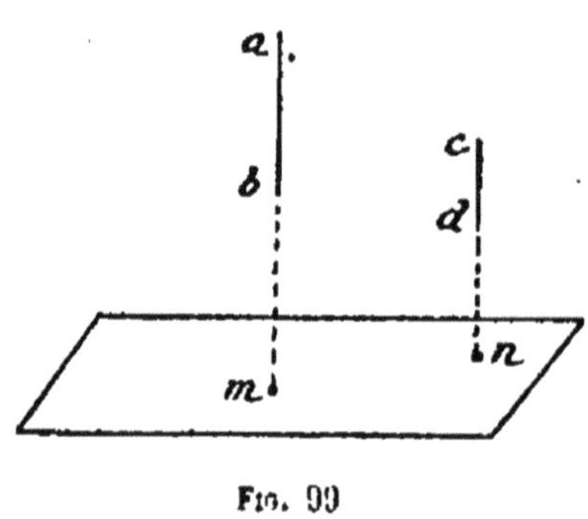

Fig. 99

Dans chacun de ces plans, les lignes qui leur sont perpendiculaires (*ab*, *cd*) ont pour projection chacune *un point m*, *n*, et toutes celles qui leur sont parallèles (*pq*, *xy*) sont projetées suivant une ligne *p'q'*, *x'y'* dont la longueur *est égale à leur grandeur véritable*. Et, sur les plans, ces lignes parallèles aux plans de projection seront représentées en vraie grandeur, suivant l'expression dont on se sert, par des

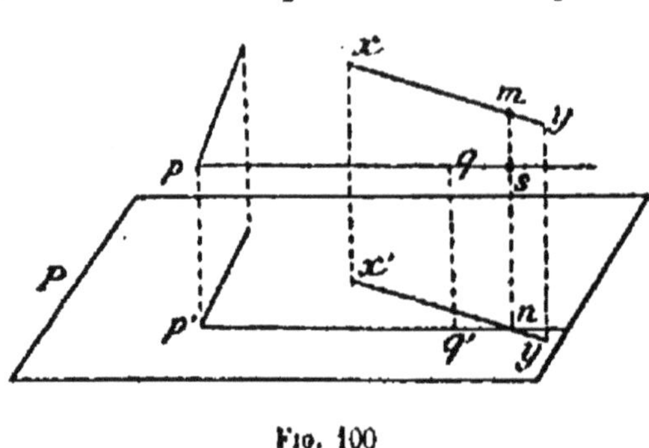

Fig. 100

lignes ayant, *à l'échelle convenue*, la longueur vraie de la ligne réelle.

Les lignes *pq* et *xy* étant l'une au-dessous de l'autre, leurs projections se coupent en un point *n* qui est la projection des deux points *s* et *m* de ces lignes qui sont sur une même perpendiculaire au plan de projection P.

Ainsi, si on a à représenter une ligne de 3 mètres de longueur, parallèle à un plan de projection et que l'échelle soit à $\frac{1}{100}$ ou au centième, comme on dit, cette ligne aura 3 centimètres de longueur sur le dessin, puisque le centimètre est le centième du mètre.

Projection sur des axes. — Dans des études scientifiques, il arrive que l'on soit obligé de faire des dessins

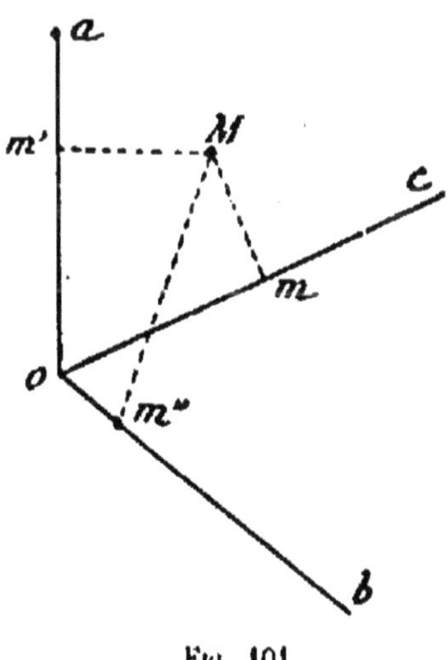

Fig. 101

géométriques plus compliqués, par exemple lorsque l'on étudie les chemins parcourus par les corps en mouvement, ce que l'on appelle leur trajectoire, celle des astres dans l'espace par exemple.

Il arrive alors qu'il faut représenter les points M qui se meuvent par leur projection par perpendiculaire sur trois axes ou lignes droites se rencontrant en un même point *o*, choisies de telle sorte qu'elles soient perpendiculaires entre elles, ainsi *oa* sur *oc* et *ob*, et *oc* sur *ob*.

oc et *ob* forment un plan sur lequel *oa* forme avec chacune de ces mêmes lignes *oc* et *ob* deux autres plans perpendiculaires au plan *obc*, et aussi entre eux.

On peut enfin projeter des objets sur trois plans placés comme les précédents, *aoc*, *aob*, *cob*.

III

LIGNES TRIGONOMÉTRIQUES OU FONCTIONS CIRCULAIRES

1° Mettre un problème en équation

On nomme problème toute question à laquelle on cherche à répondre par le raisonnement et à l'aide du calcul. — Lorsque l'on cherche quelles sont les opérations d'arithmétique que l'on doit faire, avec des nombres représentant des dimensions, des poids ou des quantités que l'on connaît ou que l'on a pu mesurer directement, afin de trouver d'autres dimensions, poids ou quantités, que l'on voudrait connaître, on fait ce que l'on nomme se poser *un problème.*

On connaît par exemple la longueur de chacun des côtés limitant une portion de terrain ayant la forme d'un polygone de cinq côtés; on veut savoir la longueur totale du mur qui entourerait ce terrain. Se demander quelle serait cette longueur, c'est se poser un *problème.*

Le problème est, dans ce cas, bien simple, il est vrai, puisqu'il suffit d'ajouter les cinq nombres connus.

Quand on aura fait cette addition, la *somme* sera la réponse à la question ; elle donnera la longueur totale, d'abord inconnue avant l'opération.

Faire cette opération est ce que l'on nomme *résoudre* le problème.

J'ai dit que pour généraliser on emploie souvent les lettres pour désigner des quantités. On les combine avec les signes pour indiquer les calculs à effectuer.

Ainsi, dans le problème précédent, on a à exprimer que l'on cherche d'une manière générale la longueur totale du périmètre d'un polygone de cinq côtés.

Si on désigne par (x) ce périmètre et chacun des côtés par a, b, c, d, e, on pourra ainsi écrire le problème :

$$x = a + b + c + d + e.$$

On a ainsi ce que l'on nomme une *équation algébrique* ou simplement une équation. Et on aura *mis le problème en équation.*

Lorsque l'on aura mesuré les longueurs a, b, c, d, e, on remplacera chacune des lettres par le nombre trouvé après la mesure et on effectuera l'addition, dont le résultat donnera le périmètre cherché (x).

Faire les calculs qui donnent l'*inconnu* s'appelle résoudre l'équation.

Résoudre une équation n'est pas toujours aussi simple.

Le but de ces petites causeries étant ici seulement de donner quelques indications sur la liaison qui existe entre l'arithmétique, l'algèbre et la géométrie, je n'entrerai pas dans des détails que l'on trouve parfaitement exposés dans les livres qui apprennent à connaître ces parties de la science des nombres.

Je ne prendrai donc qu'un exemple facile.

Ainsi, si on a ramené une question à un problème énoncé de la manière suivante :

« Connaître la hauteur d'un triangle, tracé sur « un dessin ou sur le terrain, sachant quelle est « la *surface* du triangle et la *longueur de la base* « correspondant à la hauteur dont on cherche la lon- « gueur ; »

On *ne peut* ou bien on *ne veut* mesurer directement cette hauteur.

Ce cas peut se présenter si on a par exemple un terrain ayant la forme d'un triangle ABC dont on connaît la superficie S et dont on peut mesurer la base *b*.

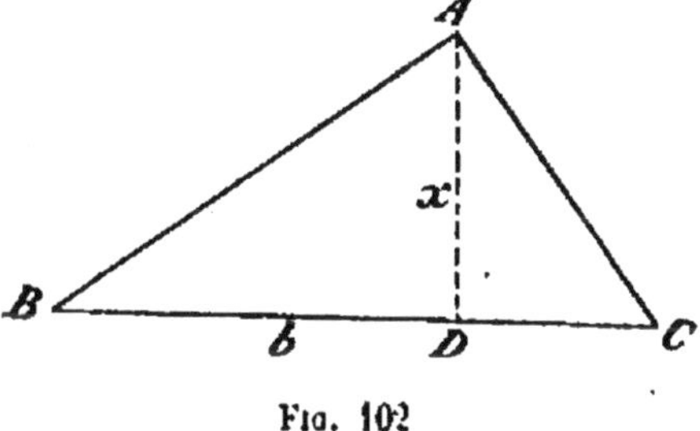

FIG. 102

On veut savoir quelle est la distance que je désigne par la lettre x, qui sépare le point A de la ligne BC. Ce sera la hauteur AD du triangle (voir *Lignes parallèles*, page 24, et *Surface d'un triangle*, page 65).

Et un obstacle, par exemple, empêche de faire une mesure directe.

Or on sait que la surface d'un triangle est égale à la moitié du produit d'une base *b*, par exemple, par la hauteur abaissée sur cette base (x).

Cela s'écrit par la formule déjà indiquée :

$$S = \frac{b \times x}{2} \text{ ou } S = \frac{b.x}{2}.$$

On se servira donc de cette formule pour mettre le problème en équation en écrivant :

$$S = \frac{b.x}{2}.$$

Le problème étant, de cette façon, mis en équation, on pourra raisonner comme en arithmétique pour le résoudre.

On voit que deux fois la surface égalera deux fois le nombre qui la représente, c'est-à-dire deux fois $\frac{b.x}{2}$.

Or deux fois $\frac{b.x}{2}$ c'est $b.x$.

On peut alors écrire :

$$2S = b.x$$

et le nombre 2S étant égal au produit du nombre b par le nombre x, si on divise le nombre 2S par b, on devra avoir pour quotient un nombre égal à celui de la division de $b \times x$ par x, c'est-à-dire à b.

On peut donc encore écrire :

$$\frac{2S}{2} = x,$$

ce qui représente une *division algébrique*.

En remplaçant S et b par les nombres que ces lettres représentent, *par* leur valeur, selon l'expression dont on se sert, on pourra faire la division arithmétique. Le quotient de cette division donnera la valeur de x que l'on cherchait à connaître.

Voici le tableau algébrique du raisonnement précédent :

On écrira et on dira simplement :

$$S = \frac{b.x}{2}$$

d'où

$$2S = b \times x$$

d'où

$$x = \frac{2S}{b}$$

Ce qui montre la simplification de langage et l'abréviation d'écriture dues à l'emploi des signes et des lettres.

Il est à remarquer que le calcul donne des résultats plus exacts que les mesures directes.

Car celles-ci sont toujours susceptibles d'être faites avec des erreurs plus ou moins considérables, dues aux instruments dont on se sert et à la manière plus ou moins habile dont on fait usage de ces instruments.

On perfectionne chaque jour la construction des instruments et des appareils avec lesquels on obtient les mesures dans l'étude de la science.

Mais, comme on ne peut arriver à évaluer ainsi une longueur, un poids, etc., d'une façon *parfaite*, quelque petite que soit l'erreur, on emploie le plus souvent possible le calcul pour trouver les quantités inconnues.

En un mot, dans l'étude des phénomènes et de leurs causes, l'*expérience*, c'est-à-dire la production avec l'observation et la comparaison directe et le *calcul* s'aident et se complètent mutuellement dans la découverte et la vérification des lois à *énoncer* et à *formuler*.

2° Définition des lignes trigonométriques

Soit un cercle dont le centre est au point O et divisé par deux diamètres perpendiculaires entre eux *ab*, *cd*.

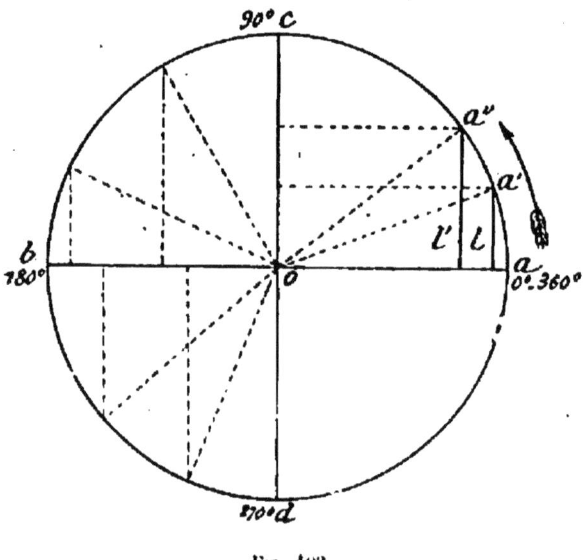

Fig. 103

On a ainsi formé quatre secteurs égaux, qui divisent la surface du cercle en ce que l'on nomme quatre quadrans :

aOc	est	appelé le	premier	quadran ;
cOb	—	—	deuxième	—
bOd	—	—	troisième	—
dOa	—	—	quatrième	—

Si, par la pensée, on suppose le rayon Oa se mouvant depuis sa position première Oa, dans le sens de la flèche et dans le plan du cercle, il occupera toutes les positions de la surface du cercle, telles que Oa', Oa'' etc., et son extrémité (a) parcourra successivement les 360 degrés de la circonférence.

Lorsque l'on abaissera des points, tels que a', a'', des perpendiculaires sur le diamètre ab, on aura d'abord des lignes de plus en plus grandes à mesure que le rayon s'éloignera de la position Oa, origine de son mouvement.

La valeur numérique de ces perpendiculaires, que je représente par (l), croîtra d'une manière insensible mais continue, en partant de la grandeur nulle, c'est-à-dire 0, comme les angles que le rayon forme, dans chacune de ses positions, avec le diamètre ab avec lequel il se confondait d'abord.

Le rapport de la longueur l d'une de ces perpendiculaires à la longueur r du rayon du cercle considéré $\frac{l}{r}$ augmente aussi de valeur en même temps, car, dans ces rapports, soient l, l', l'', les longueurs successives des perpendiculaires considérées, elles augmentent de valeur, tandis que r reste invariable. Et les *fractions* $\frac{l}{r}$, $\frac{l'}{r}$, $\frac{l''}{r}$, etc., ayant le même *dénominateur* r sont d'autant plus grandes que leurs *numérateurs* l, l', l'', etc., sont plus grands.

Si on considère le rayon arrivé dans la position Oc, la perpendiculaire abaissée du point c se confond avec le rayon Oc, qui est perpendiculaire sur ba, et sa longueur devient égale à (r).

Si le mouvement continue, il est facile de voir que, dans le deuxième quadran, les perpendiculaires diminuent à mesure que l'on s'éloigne de la position Oc, quoique l'angle grandisse.

Et, lorsque l'on sera à la position Ob, la longueur de la perpendiculaire sera nulle comme dans la position Oa.

Les perpendiculaires abaissées des différents points de la demi-circonférence acb sur le diamètre ab prennent donc successivement *toutes les valeurs* comprises d'abord entre o et la longueur r du rayon, puis entre r et o.

En partant de la grandeur nulle o pour revenir à o, ces lignes passent par une valeur r qui est la plus grande qu'elles puissent atteindre : c'est ce que l'on nomme une *valeur maximum;* on dit qu'elles atteignent un *maximum* au point c.

Ce maximum varie, bien entendu, d'un cercle à un autre, puisque sa mesure est égale à la grandeur numérique du rayon que nous avons désignée par r.

Le rapport $\frac{l}{r}$, $\frac{l'}{r}$, $\frac{l''}{r}$, etc., croît aussi jusqu'à atteindre une *valeur maximum* en même temps que l, l', l'', etc., quand la valeur de la perpendiculaire est elle-même la plus grande, c'est-à-dire dans la position oc.

Comme alors cette valeur est égale à r, le rapport de

cette longueur à r devient $\frac{r}{r}$, ce qui est égal à l'unité, 1 représentant 1 millimètre, 1 centimètre, etc., suivant que l'on mesurerait r en millimètres ou centimètres, etc.

Le rapport $\frac{l}{r}$ croît donc dans le premier quadran depuis 0 jusqu'à 1, pour décroître dans le second quadran depuis 1 jusqu'à 0.

Dans les troisième et quatrième quadrans, les choses se passeront exactement de la même manière que dans les premier et deuxième.

Il est en effet facile de voir que les longueurs successives de l croissent depuis o jusqu'au maximum égal à r, à la position od, pour décroître ensuite depuis cette position jusqu'à celle de oa, où l a une valeur nulle, comme à l'origine du mouvement supposé du rayon oa.

Le rapport $\frac{l}{r}$ suit par conséquent également les mêmes variations, et d'une manière aussi continue dans le demi-cercle bda que dans le demi-cercle acd.

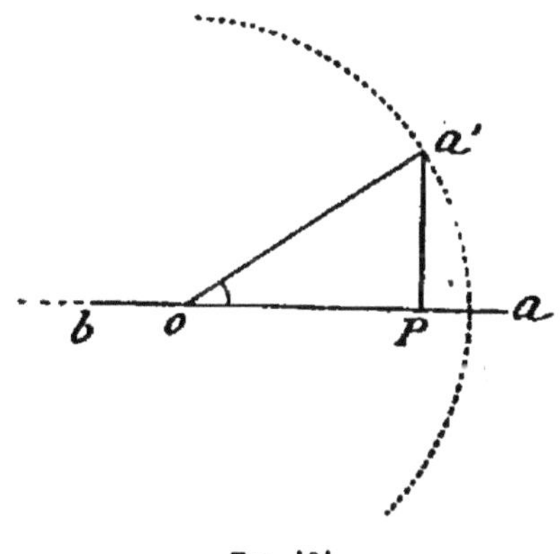

Fig. 104

Le rapport $\frac{l}{r}$ de la longueur de la perpendiculaire $a'p$, par exemple, abaissée de l'extrémité d'un rayon oa' sur le diamètre ab, à la longueur r de ce rayon, est ce que l'on nomme le *sinus* de l'angle aoa' que fait ce rayon avec le diamètre ab.

Considérons un angle AOB et supposons un cercle tracé du sommet *o* de cet angle avec un rayon R égal à l'unité choisie pour mesurer les longueurs; la valeur numérique de la grandeur de ce rayon sera 1.

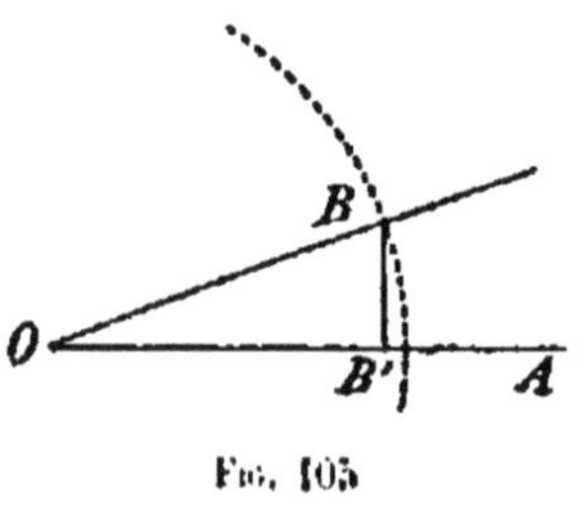

FIG. 105

En abaissant la perpendiculaire BB′ sur OA, on aura le sinus de l'angle considéré $\frac{BB'}{R}$ et comme $R = 1$ le rapport $\frac{BB'}{R}$ égale $\frac{BB'}{1}$ ou BB′.

On dira donc que le sinus d'un angle est la longueur de la perpendiculaire dans le cercle qui a pour rayon l'unité.

On nomme *cosinus* le rapport des longueurs des perpendiculaires, abaissées des points *a*, *a′*, *a″*, etc., sur le diamètre *cd*, au rayon (fig. 103, page 88).

Il sera égal à la longueur même de la perpendiculaire dans le cercle dont le rayon est égal à l'unité.

On peut facilement voir par la figure que les cosinus, dans ce cercle qui a pour rayon 1, décroissent *dans le premier quadran* depuis la longueur 1 dans la position *oa* jusqu'à une valeur nulle ou *o* dans la position *oc*.

Ils augmentent ensuite de valeur dans le *second quadran*, jusqu'à être encore égaux à l'unité dans la position *ob*.

Dans le troisième et le quatrième quadrans, le cosinus des angles que fait le rayon avec le diamètre *ab*, d'abord égal à 1 dans la position *ob*, diminue toujours d'une façon continue jusqu'à devenir nul dans la position *od*, où il a une *valeur minimum*, puis augmente jusqu'à la position *oa* du rayon où il redevient égal à 1.

Ainsi, chaque angle a un *sinus* et un *cosinus* dont les valeurs numériques sont fixes pour chaque angle et correspondent à la valeur en degrés de l'arc qui mesure cet angle.

On donne à ces *sinus* et *cosinus* le nom de *lignes trigonométriques* ou *fonctions circulaires.*

Il y a aussi deux autres lignes, nommées également lignes trigonométriques, dont la grandeur, comme celle des sinus et des cosinus des angles, croît ou décroît avec la grandeur de ces angles.

Ainsi, si on considère l'angle BOA, et le cercle tracé de son sommet avec un rayon (r) égal à l'unité, lorsque l'on tracera la perpendiculaire BS sur le côté OB à l'extrémtié B du rayon, on aura une tangente au cercle au point B.

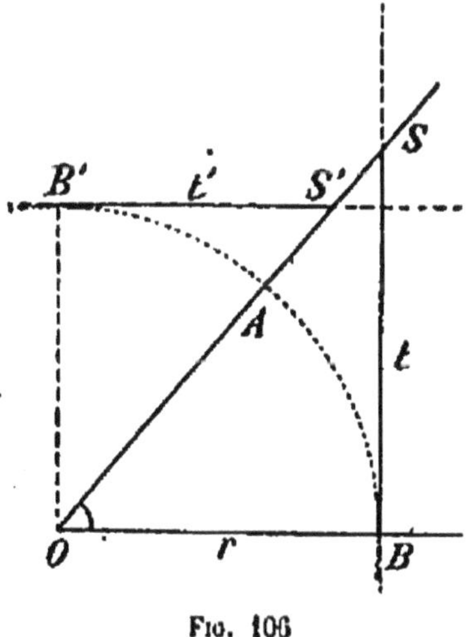

Fig. 106

La longueur de cette ligne comprise entre le point B et *l'autre côté de l'angle prolongé juqu'à son point de rencontre* (S) *avec la tangente*, c'est-à-dire la longueur BS de cette ligne, sera ce qu'on appelle la tangente (t) de l'angle BOA.

La portion de la tangente au cercle au point B' du

rayon perpendiculaire à OB, comprise entre B′ et le côté OA de l'angle, c'est-à-dire la longueur B′S′, est appelée la cotangente de l'angle BOA.

Si on considère un cercle de rayon r, la tangente et la cotangente auront pour valeurs $\frac{BS}{r}$ et $\frac{B'S'}{r}$.

Enfin la longueur du côté de l'angle OA comprise

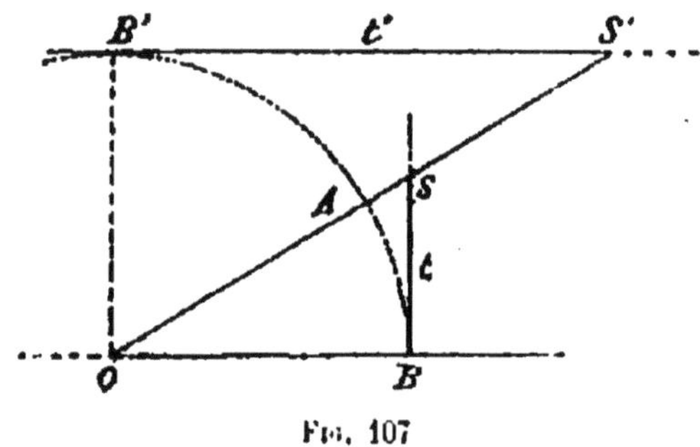

Fig. 107

entre son sommet O et la tangente, c'est-à-dire la longueur OS, est ce que l'on nomme la *sécante* de l'angle.

Et la ligne OS′ comprise, sur le même côté OA, entre le sommet O et la cotangente, est appelée la *cosécante* de l'angle, pour le cercle de rayon = 1.

En résumé, à chaque angle correspondent six lignes trigonométriques ou fonctions circulaires, dont la valeur numérique est fixe pour chaque angle et particulière à cet angle. Elle est égale au rapport de la longueur de la ligne à la longueur du *rayon* du cercle, tracé du sommet de l'angle considéré comme centre, *qui a servi à construire les lignes trigonométriques.*

Pour chaque angle, la valeur de ces droites varie avec le rayon choisi ou d'avance tracé sur le dessin géométrique que l'on étudie, mais le rapport ne varie pas. Il ne diffère que d'un angle à l'autre.

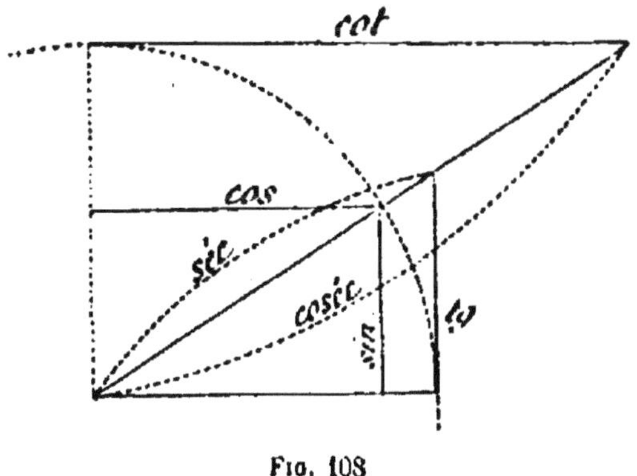

FIG. 108

On abrège l'écriture en écrivant pour un angle dont le nombre de degrés égale a, par exemple, ou 15°42' :

son sinus,	sin. a	ou sin.	15°42'
son cosinus,	cos. a	ou cos.	15°42'
sa tangente,	tang. ou tg. a	ou tg.	15°42'
sa cotangente,	cot. a	ou cot.	15°42'
sa sécante,	séc. a	ou séc.	15°42'
sa cosécante,	coséc. a	ou coséc.	15°42'

Il est facile de voir, en examinant la figure, comment varient les tang., séc., cot. et coséc.

La valeur de la tangente, d'abord égale à O, augmente toujours d'une manière continue et indéfinie, c'est-à-dire que l'on dit : tang. 90° égale l'*infini*, et on écrit ainsi :

$$\text{tang. } 90^\circ = \infty$$

Le signe ∞ indiquant la limite *infinie* d'une valeur qui croît *toujours, toujours*.

Après 90°, l'angle croît de 90° à 180° et la tangente décroît depuis l'infini jusqu'à 0, dans le deuxième quadran, etc.

∞ est donc le maximum de la tangente.

La cotangente décroît depuis l'infini jusqu'à 0, pour augmenter de 0 à ∞ dans le deuxième quadran, etc.

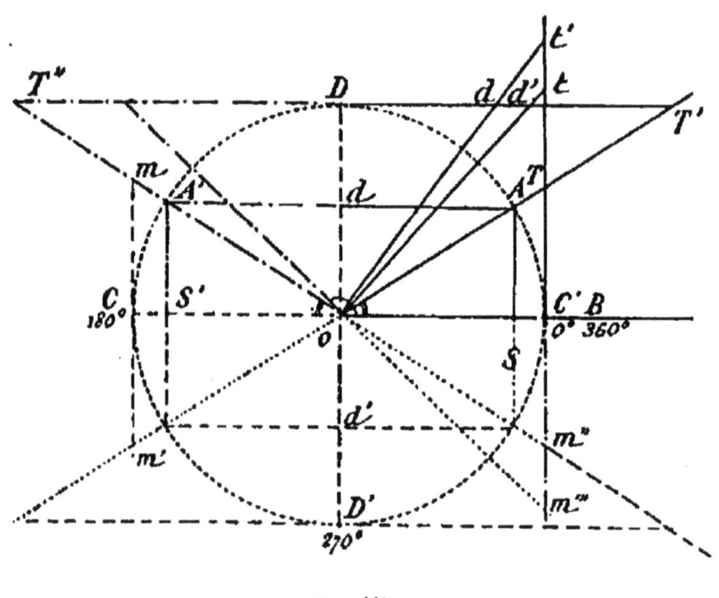

Fig. 109

0 est la plus petite valeur de la cotangente ; c'est ce que l'on nomme un *minimum*.

La sécante varie depuis la valeur du rayon $r = 1$ jusqu'à ∞ ;

La cosécante, depuis ∞ à $r = 1$;

Elles ont donc ∞ pour *maximum* et 1 pour *minimum ;*

1 représentant l'unité métrique ou autre choisie ;

Cette unité pouvant varier; mais les rapports :

$$\frac{\sin}{r} \quad \frac{\cos}{r} \quad \frac{\text{tg}}{r} \quad \frac{\cot}{r} \quad \frac{\text{séc}}{r} \quad \frac{\text{coséc}}{r}$$

ne variant pas, pourvu que toutes ces lignes soient mesurées avec la même unité.

J'ajouterai à ces définitions d'autres remarques sur les lignes trigonométriques, en les considérant dans un cercle dont le rayon est 1.

Angles complémentaires 35° + 55° = 90°. — D'abord il faut savoir :

1° Que, lorsque deux angles sont tels que la somme des arcs compris entre leurs côtés est égale à 90°, c'est-à-dire qu'elle vaut un angle droit, on dit que ces angles sont le *complément* l'un de l'autre, ou bien qu'ils sont complémentaires.

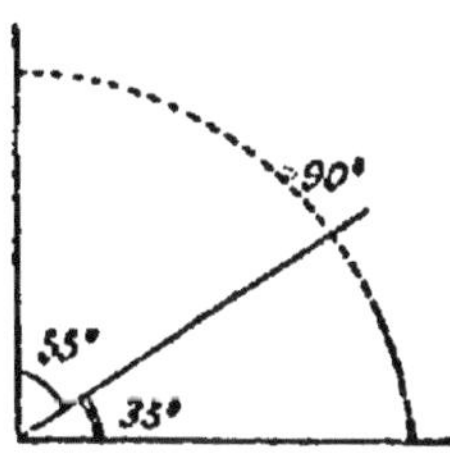

FIG. 110

Angles supplémentaires 62° + 118° = 180°. — 2° Que si la somme de deux angles vaut 180°, c'est-à-dire deux angles droits, on dit qu'ils sont *supplémentaires*.

Alors (dans la figure 109, page 96) si on mène le rayon O*m*, qui fait un angle *m*O*c* égal à l'angle AOS, on voit que l'angle BO*m* est le supplément de l'angle BOA, puisque si on lui ajoute un angle *m*O*c*

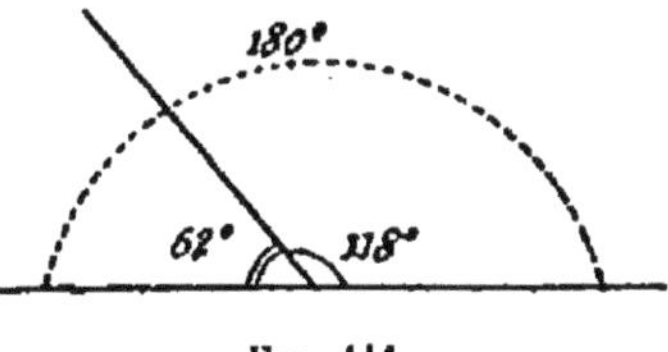

FIG. 111

égal à ce dernier, il acquiert la valeur de deux angles droits.

L'angle AOD est le complément de ce même angle AOB.

En considérant simplement la figure et remarquant, pour éviter les démonstrations, la symétrie de cette figure par rapport aux diamètres CB et DD' on reconnaîtra *que les sinus et les cosinus des angles supplémentaires sont égaux entre eux.*

$$AS = A'S'. \quad Ad = A'd$$

On verra de même *que le sinus d'un angle est le cosinus de son complément*, et réciproquement le cosinus d'un angle est le sinus de son complément, car par exemple Ad, qui est le cosinus de l'angle AOS, est le sinus de l'angle AOD, qui est le complément de l'angle AOB.

On fera facilement des remarques exactement semblables sur les *tangentes* et *cotangentes* des angles complémentaires et supplémentaires, ainsi que sur les sécantes et cosécantes.

C'T = C'm'' tangente du supplément BOA' de l'angle AOB ;

DT' égale DT'' sa cotangente;

OT égale Om'' sa sécante ;

OT'' égale OT' sa cosécante.

Je terminerai en donnant une idée de la manière dont on a pu établir les rapports qui existent entre les fonctions circulaires et les triangles.

Soit un triangle rectangle ABC.

L'angle C étant droit, le côté AB, qui est ce que l'on appelle *opposé à cet angle droit*, se nomme l'hypoténuse du triangle.

On démontre que la surface du carré construit sur cette hypoténuse est égale à la somme des surfaces des carrés construits sur chacun des deux autres côtés du triangle.

Or, en représentant par h, a, b, les longueurs des côtés AB, AC, BC, les surfaces des carrés seront $h \times h$, $a \times a$, $b \times b$, que l'on écrit h^2, a^2, b^2 et $h^2 = a^2 + b^2$.

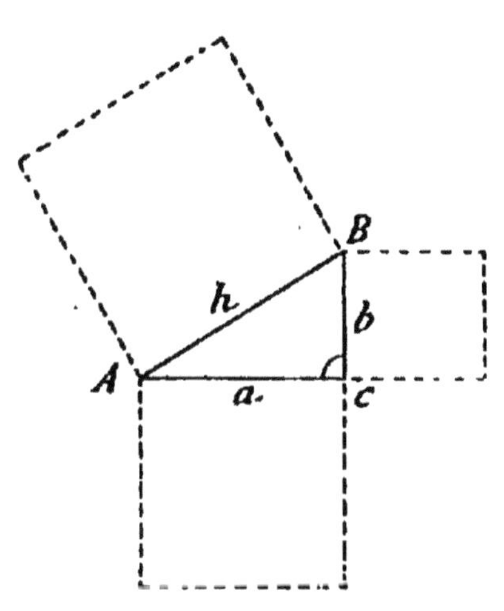

Fig. 112

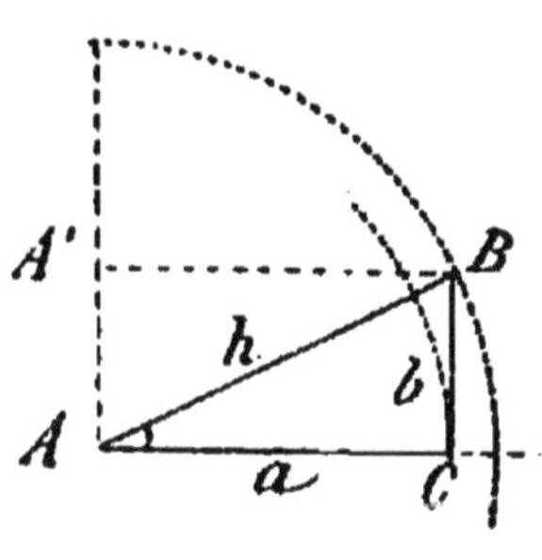

Fig. 113

D'après ce qui a été indiqué plus haut, si on considère le cercle tracé avec le rayon h, c'est-à-dire avec l'hypoténuse du triangle rectangle, $\frac{b}{h}$ sera le sinus de l'angle A.

$$\frac{b}{h} = \sin. \mathrm{A}$$

et $\frac{\mathrm{BA'}}{h}$ sera le cosinus de ce même angle.

Mais BA' = CA (voir *Parallèles*, page 24).

Donc $\frac{a}{h} = \cos. \mathrm{A}$.

D'où l'on conclut, d'après les règles du calcul algébrique :

$$(1^\circ)\ b = h.\ \sin.\ A.$$
$$(2^\circ)\ a = h.\ \cos.\ A.$$

c'est-à-dire que dans un triangle rectangle un côté est égal : 1° *au produit de la longueur de l'hypoténuse* par la valeur du sinus de l'angle qui lui est opposé, ou 2° au produit de l'hypoténuse par le cosinus de l'angle qui lui est, suivant l'expression, *adjacent*.

Si on trace le cércle avec AC pour rayon, $\frac{BC}{AC}$ devient la tangente de l'angle A et $\frac{AB}{AC}$ la sécante de cet angle.

De la formule $h^2 = a^2 + b^2$, en se rappelant les principes de l'arithmétique, on peut conclure, en divisant par h^2, ce qui ne change rien à l'égalité des deux quantités nouvelles :

$$\frac{h^2}{h^2} = \frac{a^2}{h^2} + \frac{h^2}{h^2}$$

D'après les mêmes principes, on sait que :

$$\frac{a^2}{h^2} = \left(\frac{a}{h}\right)^2 \text{ et } \frac{b^2}{h^2} = \left(\frac{b}{h}\right)^2$$

Or $\frac{b}{h}$ c'est sin. A.

Et $\frac{a}{h}$ c'est cos. A.

De plus, $\frac{h^2}{h^2}$ égale 1.

Donc, on peut écrire :

$$1 = (\sin.\ A)^2 + (\cos.\ A)^2.$$

Ce qui veut dire que la somme des *carrés* des valeurs du sinus et du cosinus d'un angle est égale à l'unité.

On écrit $\sin^2 a + \cos^2 a = 1$.

3° Exemple de ce que l'on nomme lieu géométrique

Aperçu de la détermination de la position d'un point à l'aide de l'intersection des lignes. — Pour déterminer la situation d'un objet sur terre ou dans l'espace, on ne peut que se rendre compte de sa position par rapport à d'autres objets et, pour cela, il n'y a qu'un moyen, c'est de trouver sa distance à ces autres objets.

Une seule distance ne suffit pas pour déterminer cette situation.

Si, par exemple, on dit qu'un point se trouve à 25 millimètres d'un autre point connu et fixe O, il faut encore savoir dans quelle direction autour de ce point.

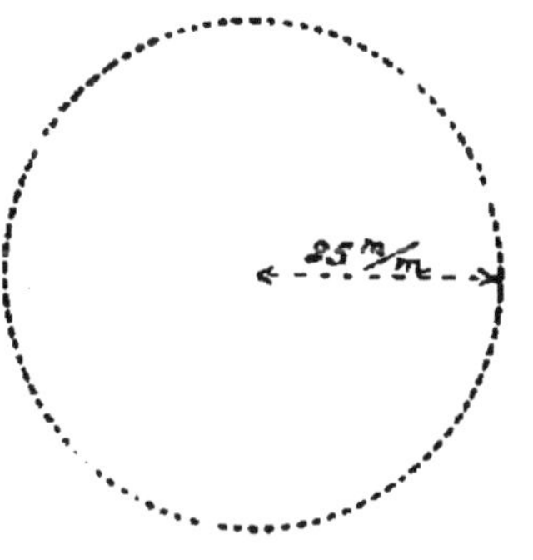

Fig. 114

Tous les points placés à 25 millimètres du point O satisferaient à la condition indiquée.

Cela revient à dire que tous les points d'une circonférence tracée d'un point O comme centre, avec un rayon de 25 millimètres, répondront à la question de distance.

La circonférence d'un cercle est donc, d'une manière générale, ce que l'on nomme le lieu géométrique des points situés à une même distance r d'un point fixe, qui devient le centre du cercle.

On peut, par exemple, savoir qu'un point se trouve à 30 millimètres d'une ligne fixe XX′.

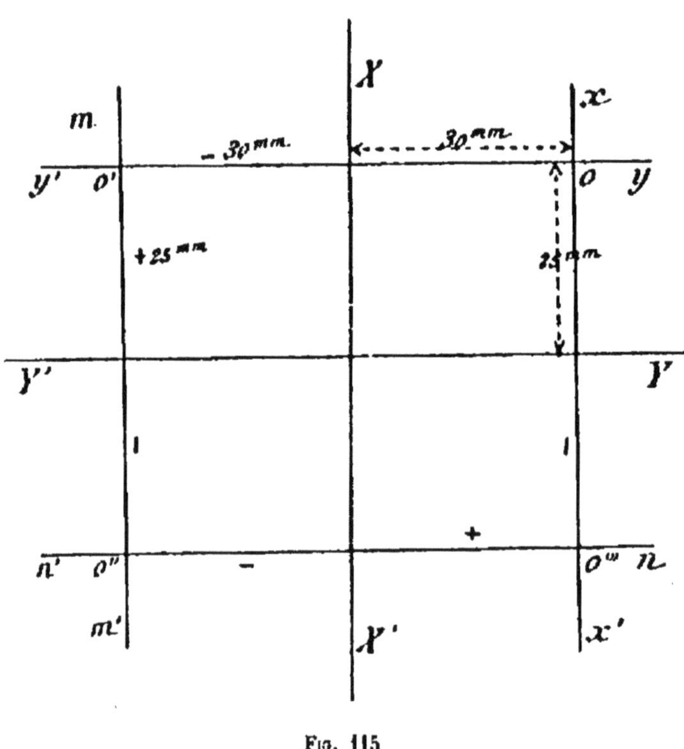

Fig. 115

Tous les points qui forment les parallèles menées de chaque côté (ici à droite et à gauche) de la ligne XX′ à une distance de 30 millimètres répondraient à la question de distance.

L'*ensemble* de ces deux parallèles formera aussi un

lieu géométrique, celui des points situés à la même distance $d = 30$ millimètres, ici de la ligne droite XX′.

Si on connaît de plus la distance du point O à une autre ligne, sa situation commencera à être mieux déterminée.

Soit, par exemple, que l'on sache que ce point se trouve en même temps à 25 millimètres d'une ligne YY′ perpendiculaire à la première XX′.

Il n'y aura plus que quatre positions qui répondront aux distances données : 25 et 30 millimètres.

Ces points se trouveront naturellement aux *intersections* des deux lieux géométriques des distances 30 et 25 par rapport aux lignes XX′, YY′.

Ces lieux géométriques sont les parallèles xx' avec mm' pour XX′ et yy' avec nn' pour YY′.

Et les points O, O′, O″, O‴ seront placés comme l'exigent les distances connues 30^{mm} et 25^{mm}.

Valeurs positives et valeurs négatives. — Il faut donc encore une autre indication pour fixer la position du point considéré.

Pour cela, on a établi une convention à l'aide des signes + et —.

Ainsi, on fera précéder du signe — toutes les longueurs qui doivent être prises à *gauche* de la ligne XX′, ainsi que celles qui doivent être prises *au-dessous* de YY′.

Par exemple, si on veut désigner le point O′, on dira qu'il a pour mesures *ou coordonnées par rapport aux lignes XX′, YY′*, — 30 et 25, tandis que les nombres 30 et 25 désigneront la place du point O;

— 25 et 30, celle du point O''' ;

Et — 25 et — 30, celle du point O''.

Toute valeur précédée du signe *plus* ou *sans signe* est dite une *valeur positive*. Toute valeur précédée du signe *moins* est appelée *valeur négative*.

Les lignes trigonométriques sont considérées comme *positives* lorsqu'elles sont tracées au-dessus du diamètre origine et à droite du diamètre qui lui est perpendiculaire, ou bien, quand il s'agit des sécantes et des cosécantes, lorsqu'elles sont comptées dans le sens du rayon (ou plutôt dans le sens du côté de l'angle considéré).

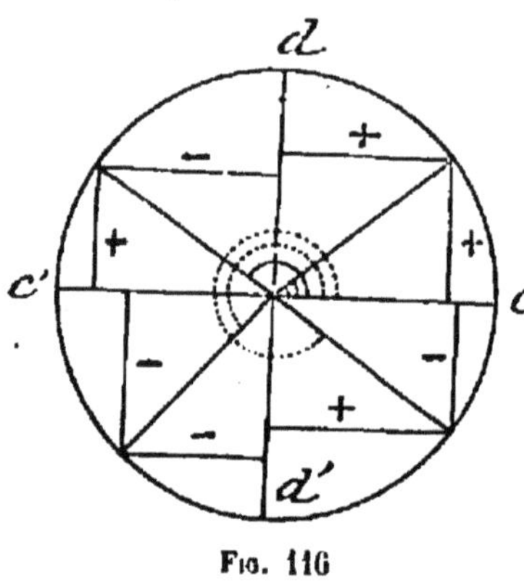

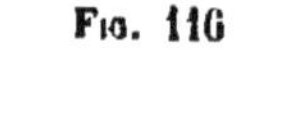
Fig. 116

Au-dessous du diamètre *cc'* et à gauche du diamètre *dd'*, les fonctions circulaires seront *affectées* du signe —, comme la sécante O*m'* qui se trouve mesurée sur le prolongement du rayon, tandis que la sécante O*m* est positive.

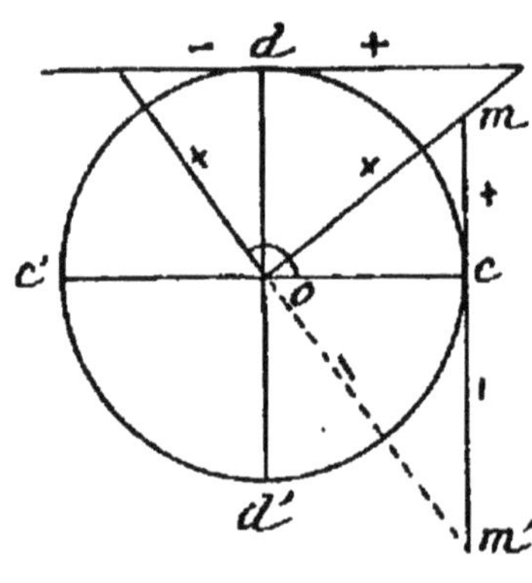

Fig. 117

Les intersections de lignes droites ou courbes entre elles servent, comme je viens de l'indiquer, à déterminer la situation des points relativement à des lignes connues considérées comme fixes ou à d'autres points également déterminés.

Lorsque l'on aura les distances d et d' d'un point O à deux autres points a et b dont la position est connue, l'intersection des circonférences tracées des points a et b comme centres avec d et d' pour rayons, donnera deux points O et O′ répondant à la question, car chacune de ces intersections des cercles se trouve bien aux distances d et d' de a et de b. Une troisième condition

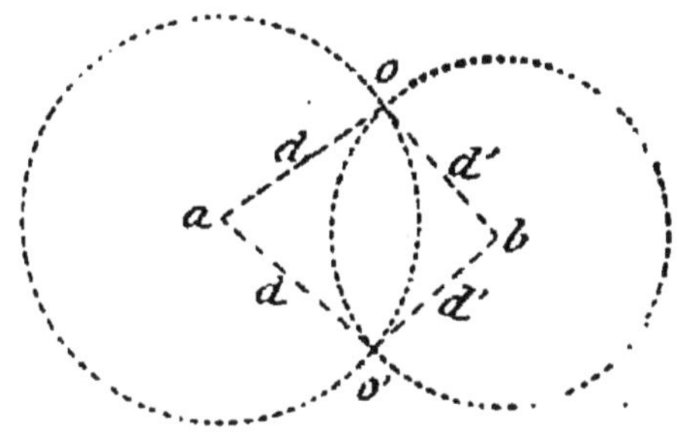

Fig. 118

de position fixera sur le choix entre O et O′ pour représenter celui des deux points O et O′ dont on a à s'occuper.

Si, au lieu de considérer les distances dans un plan, on les observe dans l'espace, on trouve également des lieux géométriques (fig. 119, page 106).

Par exemple, la surface cylindrique formée par une ligne xx', parallèle à une autre ligne fixe XX′, tournant autour de cette ligne XX′ (voir *Géométrie*, page 54), est le lieu géométrique de *tous les points de l'espace* situés à égale distance de XX′.

La sphère (voir *Géométrie*, page 51) est le lieu géométrique de *tous les points de l'espace* situés à la même distance d d'un point qui est le centre de la sphère considérée, la distance d étant égale à la longueur du rayon de cette sphère.

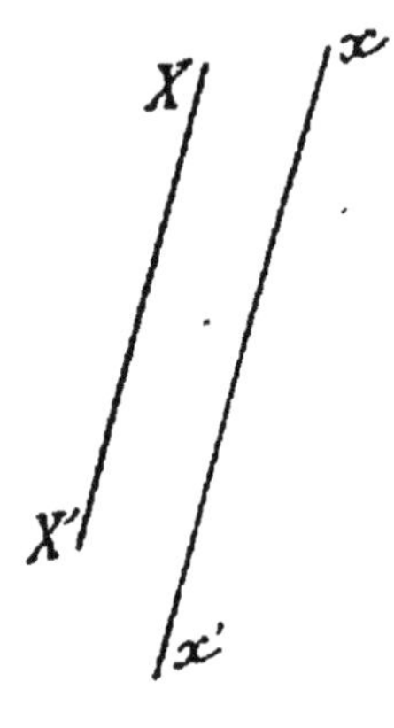

Fig. 110

Pour finir ce court aperçu sur les relations des lignes et des surfaces entre elles qui ne peut que faire entrevoir à l'esprit que l'on a pu en tirer de grandes conséquences pour les progrès de la science pure et ceux de ses applications, je dirai encore ceci : non seulement on s'est occupé des figures planes, mais encore on a étudié celles que l'on peut former sur les surfaces courbes. On trouve alors des figures polygonales avec des côtés courbes, et on a aussi ce que l'on nomme la *trigonométrie curviligne.*

Remarque sur l'emploi des noms grecs et latins

Il existe beaucoup de noms grecs et latins dans le langage scientifique.

Notre langue a pour mère la langue de nos pères les *Gaëls* et les *Kimris* ou Gaulois, appelée la langue *celtique*, qui fut perfectionnée, au point de vue des règles de la grammaire, par son mélange avec la langue latine, après la conquête des Gaules par Julius César.

De plus, la science nous est venue des savants de l'ancienne Grèce et a été conservée par ceux qui se servaient de la langue latine pure pendant la durée de l'empire romain, puis après la conquête franque et durant le moyen âge.

Pendant cette période de notre histoire, ceux qui étudiaient étaient souvent brûlés vifs comme sorciers. Enfin leur science médicale, la crainte même qu'ils inspiraient leur obtinrent la protection des puissants, et la science se développa dès lors rapidement, tandis que les savants continuaient à lire dans les ouvrages des maîtres grecs et à écrire en latin, en conservant les noms grecs.

Encore au siècle dernier ils correspondaient entre

eux, d'une nation à l'autre, en se servant de la langue latine pure.

Tous se comprenaient ainsi, quelle que fût la langue propre de chacun, et donnaient un bel exemple de confraternité des penseurs se communiquant leurs recherches, leurs découvertes, malgré les querelles des gouvernements.

Croire qu'il est bon d'abandonner l'étude de ces deux beaux modèles de langage, les langues latine et grecque, est une erreur, car la langue italienne est fille de la langue latine, et la langue grecque se parle encore en Grèce.

PETIT VOYAGE D'UNE HEURE

A TRAVERS L'ESPACE

L'UNIVERS

La forme de la terre est celle d'une boule.

Nous la trouvons grande, parce que nous sommes petits comparativement à elle, que, l'espace ne nous y manquant pas, il faut du temps pour parcourir ses différentes régions dont l'aspect est très varié.

Mais, pour se faire une idée de la valeur, comme grosseur, de cette terre, il faut considérer d'abord ce qu'est l'univers qui l'environne.

L'univers, c'est tout ce que contient l'espace infini qui nous entoure.

Dans cet espace que notre imagination peut élargir autour de nous autant qu'elle le voudra sans qu'il y ait de limite, se trouvent tout d'abord, dans la partie qui nous est la plus proche, un nombre immense de corps ronds, comme des sphères, dont la surface au moins est incandescente.

Nos yeux ne peuvent en apercevoir qu'une très petite partie. Ce sont ces points que nous voyons briller et scintiller le soir, que nous nommons les étoiles et qui donnent tant de splendeur, tant de charme aux belles nuits ; on ne peut en compter que 6,000 environ.

Une de ces étoiles est très voisine de nous relativement, c'est le soleil.

Ce sont de bien grandes distances que celles qui séparent ces étoiles!

On connaît aujourd'hui la distance de vingt (dont dix sont visibles à l'œil nu) de ces étoiles à celle que l'on peut appeler la nôtre, c'est-à-dire au soleil, et dans diverses directions autour de lui.

Si on représentait par une boule de 1 millimètre de diamètre, c'est-à-dire par quelque chose de plus petit que la tête d'une épingle, le diamètre du soleil, l'étoile la plus voisine de lui devrait être placée à 25 kilomètres pour que l'on conserve le rapport des proportions de la grosseur de notre étoile à la distance de celle qui se trouve le plus près d'elle. La plus éloignée de celles que l'on connaît serait à 250 kilomètres ; les autres seraient encore plus loin.

De ces astres étincelants les uns sont plus gros, les autres plus petits que le soleil.

Autour du soleil et de tous les autres soleils, sans aucun doute, circulent d'autres corps ronds mais sans éclat.

On les nomme planètes : la terre est une planète.

Elles sont toutes beaucoup plus petites que le soleil. La terre a un diamètre cent huit fois et demi plus petit que le sien (108,56).

La planète la plus éloignée du soleil, celui-ci étant représenté par une boule de 1 millimètre de diamètre, serait à une soixantaine de mètres, l'étoile la plus voisine du soleil étant toujours à 25,000 mètres, 25 kilomètres.

La terre, comme toutes les planètes, tourne sur elle-même, autour d'un de ses diamètres, en même temps qu'elle circule autour du soleil. En vingt-quatre heures elle a accompli un tour entier.

Ce mouvement fait le jour et la nuit, parce que tous les objets sont éclairés par le soleil, tandis que nous le voyons, et qu'ils ne le sont plus lorsqu'il a disparu.

La durée du jour et de la nuit varie d'une planète à l'autre.

Le mouvement de translation de la terre autour du soleil se fait dans un plan, suivant une courbe qui est presque un cercle parfait (c'est une ellipse dont les foyers sont excessivement voisins) ; le soleil (occupant un des foyers de la courbe) est pour ainsi dire au centre du mouvement.

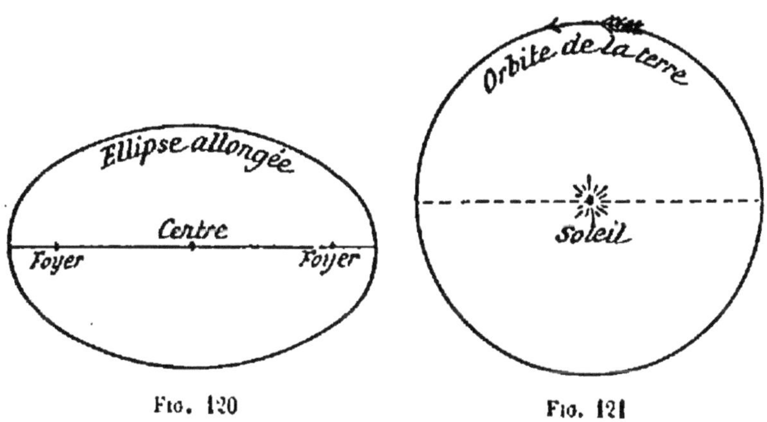

Fig. 120 Fig. 121

La révolution entière de notre planète autour du soleil est terminée en une année. La durée de l'année varie aussi d'une planète à l'autre.

Dans son voyage dans l'espace, la terre reste ainsi toujours à une distance moyenne de 37 millions de lieues du soleil et accomplit sa course avec une rapidité de 7 lieues 62 en une seconde.

Les planètes se voient parce qu'elles sont éclairées par la lumière produite par le soleil, exactement comme, la nuit, un objet peut être aperçu lorsqu'on l'éclaire en projetant sur lui la lumière d'une lanterne ou un faisceau de lumière électrique par exemple.

Ces planètes, qui brillent la nuit comme les étoiles, ont ce que l'on nomme des satellites, qui tournent autour d'elles pendant qu'elles-mêmes les entraînent dans leur voyage autour du soleil.

La terre n'en a qu'un, c'est la lune, qui se trouve à 96,088 lieues d'elle en moyenne, ce qui équivaut à trente fois le diamètre de la terre environ.

D'autres planètes en ont plusieurs, et enfin quelques-unes paraissent n'en point avoir.

M. Amédée Guillemain donne dans son bel ouvrage, *Le Ciel*, la figure comparative suivante du soleil et de l'orbite de la lune.

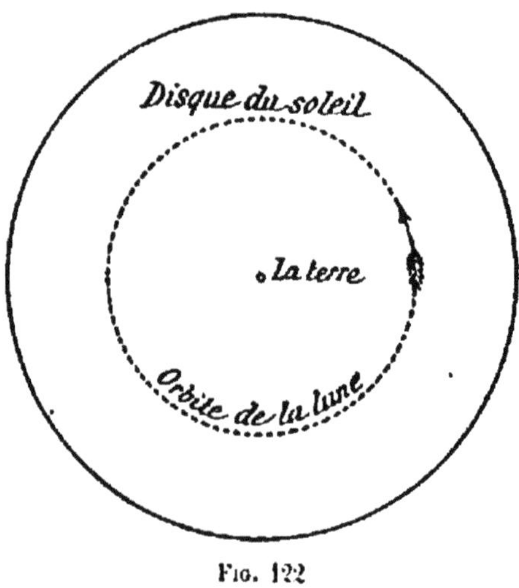

Fig. 122

La terre a ce que l'on appelle une atmosphère : c'est l'air que nous respirons et qui forme une couche tout autour de sa surface.

Les autres planètes ont des atmosphères et doivent posséder des plantes et des êtres vivants.

A ce sujet, on peut lire, par exemple, les ouvrages

de M. Camille Flammarion : *La pluralité des mondes habités* et *Les terres du Ciel.*

Les étoiles nous paraissent fixes dans leurs positions relatives.

Mais elles voyagent au contraire dans l'espace, avec une immense rapidité, entraînant avec elles dans leur course chacune tout son monde, c'est-à-dire les planètes qui tournent autour d'elles, comme celles-ci entraînent leurs satellites.

L'immense éloignement des étoiles seul fait que ce mouvement n'est pas sensible à nos sens.

Mais M. Camille Flammarion a étudié ces mouvements en notant les positions relatives des étoiles à des intervalles de temps très grands : il a pu ainsi représenter l'aspect qu'offraient et qu'offriront certains groupes d'étoiles dans les cieux après des espaces de cinquante mille années.

Son travail intitulé : *La Dislocation des cieux* a paru dans *La Nature* et donne les images suivantes du groupe que l'on nomme la Grande Ourse.

Il y a cinquante mille ans :

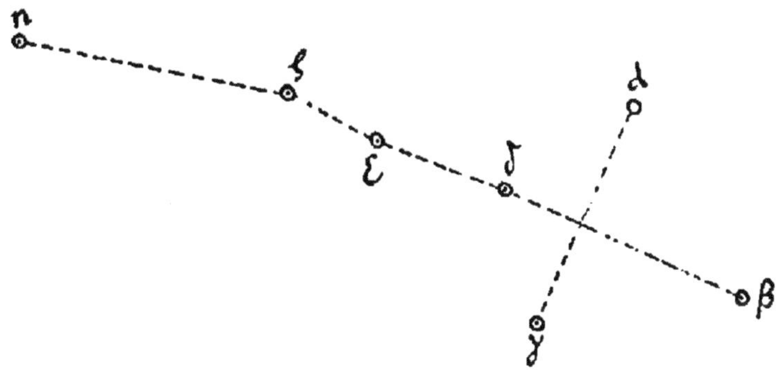

FIG. 125

A l'époque actuelle :

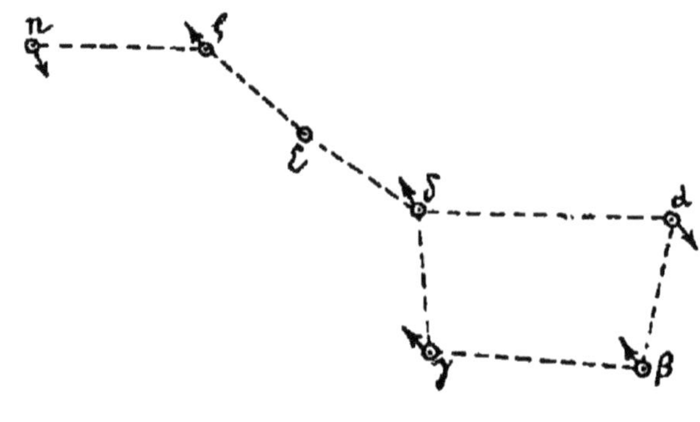

Fig. 124

Et dans cinquante mille ans :

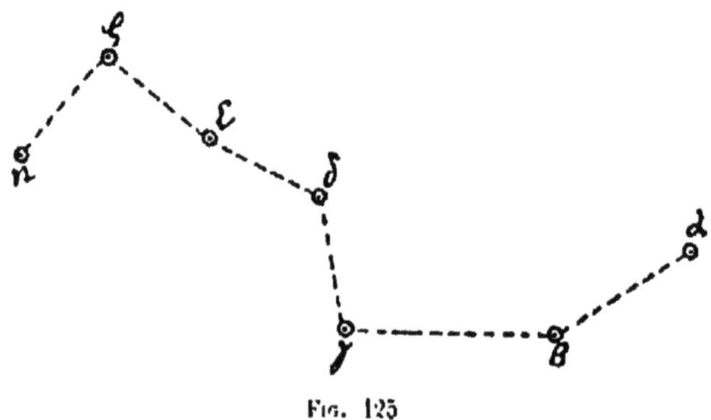

Fig. 125

Avec des instruments grossissant beaucoup, on aperçoit à travers les étoiles, dans certaines parties du ciel, des sortes de petits nuages blancs.

Lorsque l'on se sert, pour examiner l'univers, d'appareils plus perfectionnés, on voit nettement que ces nuages ne sont que des réunions d'étoiles éloignées les unes des autres, comme celles que nous voyons le soir par nos yeux ; on leur a donné pour cela le nom de nébuleuses résolubles.

Leur ensemble est si loin de nous que, malgré les immenses distances qui séparent ces astres entre eux, nous voyons en entier les mondes indépendants que forme leur réunion en divers points de l'espace.

De la terre, placée près du soleil dans un de ces

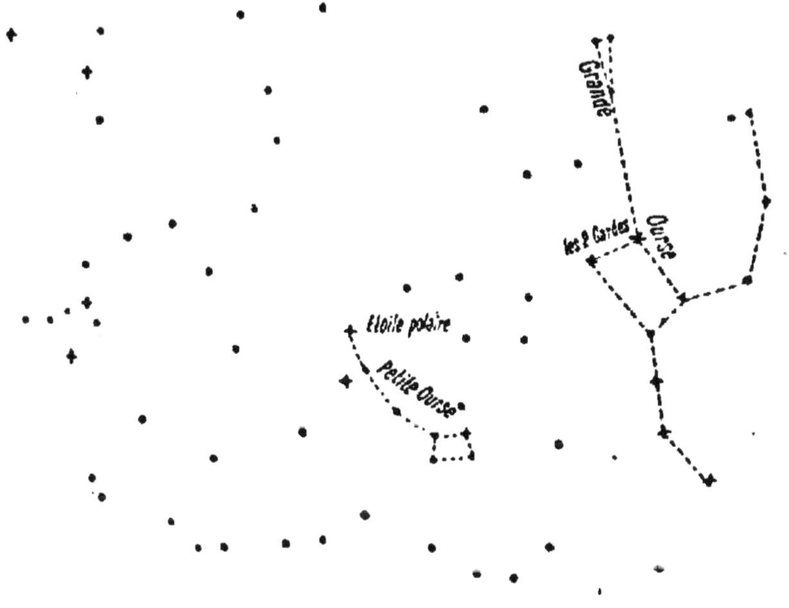

Fig. 126

mondes que forment ainsi dans l'univers ces agglomérations d'étoiles, nous voyons les nôtres séparées et disséminées autour de nous.

Dans chacun de ces groupes, chaque soleil se meut, comme les grains de poussière éclairés dans un rayon de soleil.

Quels mouvements dans cet univers, qui semble si calme par une belle soirée, au milieu du profond silence !

Pour se reconnaître dans le ciel, on a conservé la division des étoiles de notre monde en figures imaginées par les anciens.

On les nomme des constellations.

Parmi elles, deux voisines sont très faciles à distinguer. Ce sont la Grande Ourse et la Petite Ourse.

LA CRÉATION

Pour se rendre compte de ce que l'on peut actuellement savoir sur la manière dont s'est formé l'univers, il faut connaître quelques-unes des lois d'après lesquelles se trouve constituée la matière.

1° D'abord Newton a établi, pendant sa vie qui dura de 1642 à 1727, que les moindres particules de matières tendent les unes vers les autres ; c'est ce que l'on a nommé *le principe de la gravitation universelle.* La chute de tout corps, non soutenu, vers la terre et qui est ce que l'on nomme l'*action de la pesanteur* n'est qu'un cas particulier de la gravitation ;

2° Tous les corps sont composés de particules si petites que l'imagination ne peut s'en faire une idée. On leur a donné le nom d'atomes ou molécules (1) et (2) page 141 [1] ;

[1] Pour les indications (1), (2), (3), (4) voir la partie suivante ou partie physique intitulée : *Tableau des phénomènes naturels.*

3° Les atomes, qui constituent les corps solides, liquides ou gazeux sont continuellement en mouvement. Ce mouvement s'effectue sous forme de vibrations d'une effrayante rapidité ;

4° La chaleur et la lumière sont produites par le mouvement des atomes. Quand nous touchons un corps, nous sentons ces vibrations par nos nerfs et nous exprimons cela en disant que le corps est plus ou moins chaud ; c'est que nous éprouvons en réalité la sensation d'un mouvement plus ou moins rapide[1].

Quand le mouvement s'accélère, nos yeux sentent à leur manière et nous disons que le corps est incandescent ou lumineux ou simplement éclairé. Les couleurs viennent encore du degré d'accélération des vibrations. La flamme est produite par un corps à l'état gazeux entraînant des particules solides incandescentes qui la font visible.

Tout choc produit de la chaleur.

Si l'on frappe un pieu d'une masse de fer pour l'enfoncer, le pieu maintenu par la résistance du sol arrête la masse ; le mouvement de l'ensemble de celle-ci cesse, mais la vitesse que cet ensemble avait acquise sous l'impulsion des bras n'est pas perdue. Elle serait communiquée à chacune de ces molécules, dont le fer est composé, et accélérerait celle qu'elles possédaient déjà, d'où résulterait un échauffement de ce fer.

Mais le pieu s'échauffe seul, car le fer lui abandonne immédiatement sa vitesse et ce pieu ne cède presque pas sous l'impulsion ; la vitesse que lui imprime le choc

[1] Voir note 3, page 147, partie physique.

de la masse, arrêtée presque aussitôt par la terre, se transforme en mouvement moléculaire.

Tout frottement détermine de la chaleur.

C'est par la même cause, la résistance changeant le mouvement d'ensemble d'une masse en mouvement moléculaire dont la somme est, dans tous les cas, équivalente à ce qui a été perdu par les corps arrêtés ou ralentis dans leur mouvement primitif.

Un gaz qui se dilate, c'est-à-dire dont les molécules s'éloignent les unes des autres, se refroidit.

Un gaz qui au contraire se contracte, s'échauffe.

A l'origine, la matière, dans un état de division extrême, se trouva répandue dans l'espace et très disséminée.

Des mouvements divers, dont était animée cette sorte de poussière, la divisèrent en groupe devant former les mondes d'étoiles.

Et cela s'effectua, nécessairement, parce que la matière est soumise aux lois indiquées plus haut et qui régissent tout dans la nature.

Des sortes de tourbillons s'étaient produits au sein de la matière disséminée ; les particules se sont peu à peu rassemblées dans des espaces primitivement bien plus grands que celui qu'occupent actuellement un soleil et ses planètes, ou ce que l'on nomme un monde sidéral au sein des nébuleuses résolubles en étoiles.

Dans ces tourbillons, animés d'un mouvement giratoire plus ou moins rapide, l'attraction a fait naître des condensations de matière, vers un ou plusieurs centres en même temps, sous la forme d'anneaux conservant leur mouvement autour du centre.

Et dans les anneaux se sont trouvés d'autres petits tourbillons qu'ils ont entraînés dans leur circulation générale.

Pendant ce temps, toute la matière non rassemblée dans ces premiers groupements des particules se réunissait peu à peu au centre du mouvement de circulation.

Les anneaux ont fini par se séparer et se ramasser

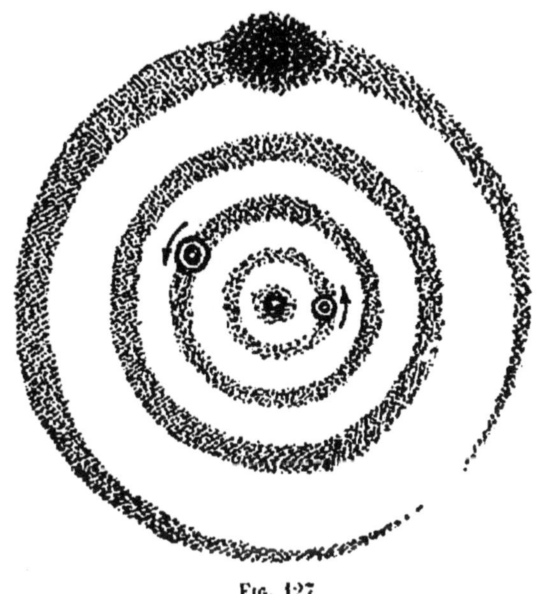

Fig. 127

chacun en une masse sphérique circulant dans le même sens et entourée des anneaux formés dans les petits tourbillons qui, à leur tour et de la même façon, se sont transformés en masses globulaires.

Tout ce travail s'est accompli en amenant peu à peu de l'échauffement vers les centres de condensation, par l'effet même de cette condensation, puis par suite des chocs, car bientôt l'attraction animait la matière de vitesse croissante. Cette chaleur devenant considérable, la matière est devenue lumineuse, puis incandescente : c'est ainsi que la lumière fut

Les premiers centres de condensation se sont transformés en des soleils, c'est pour cela que l'on voit dans le ciel des étoiles appelées étoiles doubles et étoiles multiples : ce sont des mondes stellaires composés de plusieurs soleils dont chacun exécute son mouvement de circulation autour d'un soleil principal qui semble les commander tous, comme le nôtre commande ses planètes dans leur marche autour de lui.

Les anneaux devenus sphères se sont refroidis puis éteints et solidifiés sous forme de planètes. Et enfin les anneaux issus des derniers tourbillons nés dans l'anneau planétaire sont devenus des lunes, tandis que la matière qui se condensait au centre, pour devenir soleils, en beaucoup plus grande quantité, acquérait une action attractive prépondérante et fixait tous ces astres dans leurs mouvements suivant leurs orbites.

C'est ainsi que cette matière, à l'origine infiniment disséminée, a, après des millions d'années, formé des terres composées de ce que l'on a appelé les trois règnes de la nature : les minéraux, les végétaux et les animaux, qui se transforment et vivent sous l'influence de la chaleur et de la lumière solaires, qui perpétuent le mouvement moléculaire nécessaire en communiquant sans cesse aux corps celui de l'astre radieux.

En décomposant les individus de ces trois règnes, l'homme a fini par trouver environ soixante-cinq formes sous lesquelles se présente à nous la matière ; on leur a donné le nom de corps simples parce que l'on n'a pu y trouver que des atomes semblables. Et les trois règnes sont uniquement composés de ces corps, dits simples jusqu'à présent.

Les atomes de ces corps se groupent entre eux et forment tout ce que nous voyons ou sentons.

Ces combinaisons ou associations des atomes semblables ou dissemblables s'effectuent suivant des lois bien définies et immuables, bien connues aujourd'hui par ceux qui étudient la physique, la mécanique et la chimie[1].

On est parvenu à reproduire des espèces minérales, ce qui a permis de se rendre compte de la manière dont elles avaient pu être formées dans la solidification du monde et de la terre en particulier.

Nous assistons à la continuation de la création qui semble ainsi se poursuivre éternellement dans l'univers autour de nous.

Car avec des instruments grossissant fortement on aperçoit dans le ciel de petits amas de matière blanchâtre ; ce sont de véritables nébuleuses qu'on ne peut résoudre en étoiles.

Parmi ces nébulosités, les unes semblent tourmentées par un immense mouvement tourbillonnaire ; c'est un monde stellaire dans son premier état d'agglomération.

D'autres présentent des formes régulières, par exemple ce sont des anneaux ou des sphères.

Puis enfin, dans un grand nombre, la lumière est beaucoup plus accentuée en certains points : là seront des soleils.

[1] Voir note 4, page 149, partie physique.

Déjà, dans d'autres, l'éclat de l'étoile est bien net.

Enfin notre monde solaire lui-même, achevant sa formation, nous montre relativement tout près de nous, la planète Saturne avec huit satellites déjà formés et entourée d'un bel anneau qui en formera un nouveau.

De plus, les grosses planètes les plus éloignées du soleil ne sont pas encore parvenues à leur degré final de condensation, comme la terre par exemple; leur surface est encore toute fluide.

Voici deux des aspects sous lesquels on voit le petit monde de Saturne :

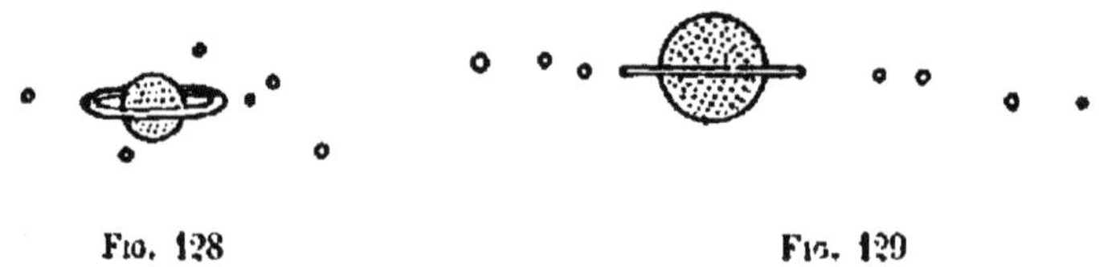

FIG. 128 FIG. 129

On voit parfois apparaître dans le ciel ce que l'on nomme des étoiles temporaires. Ce sont des points, semblables à des étoiles, qui apparaissent d'abord faibles, atteignent un éclat incomparable aux plus belles, puis diminuent et disparaissent après avoir brillé plus ou moins longtemps, quelquefois des années.

Parmi elles, on en remarque qui se montrent presque soudain, arrivent rapidement à leur plus belle lumière, puis, comme un feu immense qui se serait tout à coup allumé au loin dans l'espace, s'éteignent aussi vite qu'elles se sont enflammées.

Les astronomes disent que les soleils, après avoir répandu l'immense quantité de mouvement calorifique qu'ils possèdent, autour d'eux, sont destinés à se refroidir.

D'autres savants pensent que les actions chimiques auxquelles est soumise la matière au sein de cette fournaise suffisent à reproduire éternellement le mouvement moléculaire envoyé dans l'espace.

LES COMÈTES

Outre les étoiles et leurs planètes dont la couleur varie comme éclat d'un astre à l'autre, outre les nébuleuses vraies qui offrent dans leur aspect des formes si nombreuses, outre enfin les nébuleuses résolubles en étoiles, le ciel offre encore d'autres objets intéressants à étudier.

Par exemple les comètes :

Ce sont des amas d'une matière très diffuse, affectant une forme globulaire, dont on n'a pas encore bien reconnu la composition.

Au centre la matière est plus condensée et là est ce que l'on a nommé le noyau.

Ces astres curieux tournent aussi autour du soleil, mais dans des orbites excessivement allongées et reparaissent à de très longs intervalles.

Quelques-unes parcourent des courbes telles qu'après avoir été, dans leur course vertigineuse, en moyenne plus rapide que celle de la terre, attirées par le soleil, elles ont repris leur marche pour ne plus reparaître dans notre monde solaire, entraînées vers d'autres étoiles.

Elles semblent établir une communication entre les

étoiles qui paraissent d'abord si indépendantes les unes des autres. Ces éternelles voyageuses ont été surnommées les vagabondes de l'espace.

Lorsqu'elles passent près du soleil elles changent peu à peu de forme, s'allongent toujours du côté opposé à l'astre et présentent ces belles queues que l'on admire tant, puis reprennent leur forme première en s'éloignant.

Elles possèdent peut-être un éclat qui leur est propre.

La courbe parcourue par une comète étant très allongée, elle se trouve à un moment très rapprochée du soleil et marche avec sa plus grande vitesse; à un autre, elle se trouve à son point le plus éloigné et ne possède plus qu'un mouvement de quelques mètres par seconde. Cela est une conséquence forcée des lois naturelles de l'attraction.

LA TERRE

Si on suppose la ligne droite *imaginaire*, autour de laquelle la terre tourne, prolongée indéfiniment, elle se dirige très sensiblement vers une étoile de la Petite Ourse, que l'on nomme l'étoile polaire.

Ce point du ciel donne la direction du *nord*, le sud est vers le côté opposé de la ligne.

L'axe de rotation de la terre a reçu le nom d'axe du monde, parce que, la terre nous paraissant immobile, il nous semble que tous les astres décrivent dans le ciel des cercles autour de cette ligne, de gauche à droite. C'est un mouvement simplement apparent, tandis que, en réalité, la terre tourne sur elle-même, de droite à gauche.

Les points où l'axe du monde rencontre la surface de la terre sont appelés les pôles *nord* et *sud* de notre planète.

Tout grand cercle de la sphère terrestre passant par les pôles forme ce que l'on désigne sous le nom de *méridien*.

Le méridien passant par l'Observatoire de Paris est celui que l'on a choisi en France pour point de départ.

Les parallèles sont des cercles perpendiculaires à l'axe et aux plans des méridiens. On donne le nom d'équateur à celui de ces parallèles qui se trouve à égale distance des deux pôles. Le rayon de l'équateur qui mesure la grosseur du globe terrestre est de 6,373^{km},2.

On détermine la position d'un point sur la terre par celle du méridien et du parallèle qui passent par ce point. Ce lieu se trouve à leur intersection puisqu'il est placé à la fois sur chacun d'eux.

On sait déterminer le méridien et le parallèle de chaque lieu, c'est-à-dire l'angle que fait ce méridien avec celui de Paris, et la distance de ce parallèle au pôle.

C'est par leur connaissance que l'on a construit les sphères représentant le globe terrestre et établi les mappemondes et les cartes géographiques.

La surface de notre planète est formée en grande partie par cette masse d'eau salée que l'on nomme l'océan qui, en s'avançant dans l'intérieur des terres ou continents, forme les mers et les golfes.

Cette masse d'eau, en s'évaporant lentement, s'élève

dans l'air sous forme de vapeur d'eau, se condense ensuite principalement sur les montagnes en nuages, puis retombe en pluie ou en neige et retourne à l'océan, par les ruisseaux et les rivières affluents des fleuves, qui rendent ainsi à la masse liquide ce qu'elle a perdu.

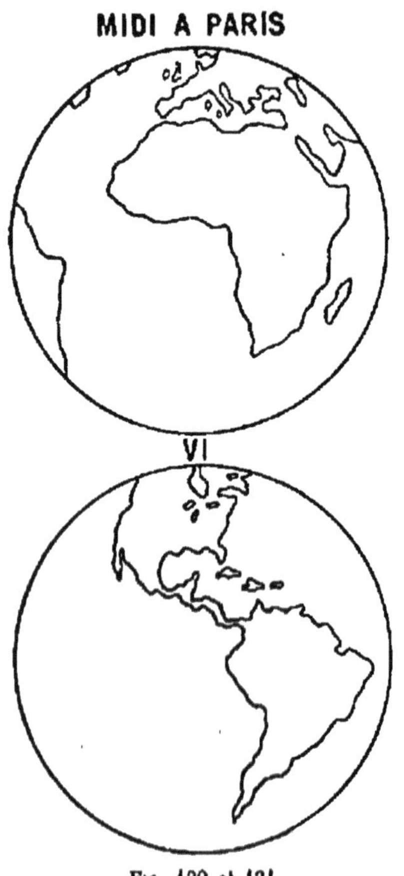

Fig. 130 et 131

Si on se trouvait placé dans l'espace, par exemple dans le soleil un jour d'équinoxe, avec une vue suffisamment puissante, vis-à-vis de la terre et à la hauteur de l'équateur, ayant devant soi le méridien, qui passe par Paris, on verrait la terre opérer son mouvement diurne et passer successivement devant ses yeux la partie occidentale de l'Europe (Iles Britanniques, côtes ouest de France, d'Espagne), les côtes occidentales de la partie septentrionale de l'Afrique, ensuite l'Océan Atlantique, puis les Amériques, l'Amérique du Nord et celle du Sud, que l'on nomme le Nouveau-Monde ou le continent nouveau, l'Océan qui sépare ce Nouveau-Monde de l'Ancien et qui porte le nom général de Grand Océan et dans lequel apparaîtraient les îles qui composent l'Océanie. Au-dessus de l'équateur, les regards rencontreraient bientôt les îles du Japon, commencement de l'Asie, les côtes d'Asie, l'empire chinois, au sud de l'équateur le reste de l'Océanie, où se trouve la terre d'Australie, île grande à peu près comme l'Europe.

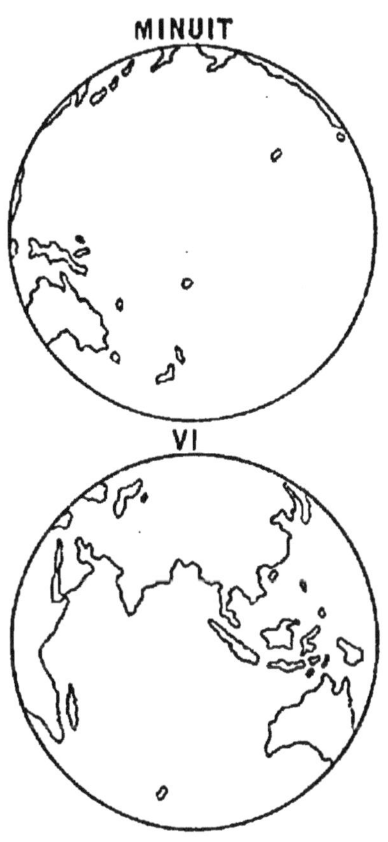

Fig. 132 et 133

Enfin, après l'Asie, apparaîtraient l'Europe et la plus grande partie de l'Afrique, au nord de l'équateur, et, au sud, le reste de l'Afrique.

Et, vingt-quatre heures étant écoulées, la France reviendrait devant l'observateur et le même spectacle se présenterait à ses yeux, le jour suivant, sauf qu'il aurait vu en même temps la terre s'avancer vers sa gauche. Ce mouvement, qui met une année à s'accomplir, paraîtrait relativement lent, vu de si loin. Cependant il s'opère avec une vitesse de près de 30 kilomètres par seconde.

On peut figurer cette rotation et ce tableau en faisant tourner devant soi une sphère sur laquelle est représentée la surface de la terre. Et, en éclairant cette image du globe terrestre par le soleil ou une lumière, on verra successivement chaque lieu d'un même grand cercle perpendiculaire à la direction de la lumière entrer dans l'ombre vers sa droite, c'est-à-dire dans la nuit, puis revenir à la lumière, c'est-à-dire au jour du côté opposé, après une demi-révolution de la boule figurant notre planète.

En inclinant l'axe de rotation du globe sur la direction des rayons lumineux, on verra comment l'inclinaison de l'axe de la terre sur le plan de son orbite, c'est-à-dire de la courbe qu'elle parcourt pendant une année, autour du soleil, fait que la nuit n'est pas égale au jour.

Dans son trajet dans l'espace, la terre rencontre des corps relativement très petits qui, comme elles, accomplissent leur course.

Lorsqu'ils pénètrent dans notre atmosphère avec une grande vitesse, ces corps s'échauffent par le frottement contre l'air, ils s'enflamment soudain, quelquefois éclatent, c'est ce que l'on nomme les étoiles filantes.

Il est impossible à notre imagination d'envisager les immenses distances qui séparent la terre des astres.

On cherche à s'en faire une idée d'une autre manière. On remarquera, par exemple, que, pour franchir l'intervalle qui se trouve entre la terre et le soleil, il faudrait à un train de chemin de fer en grande vitesse trois siècles et demi au moins.

Mais cela n'est rien si on veut apprécier les espaces qui existent entre les soleils.

Notre maître entraînant son petit monde de planètes avec leurs satellites, de comètes, etc., accomplit sa course avec une rapidité de 2 lieues en une seconde. S'il se dirigeait droit vers son voisin le plus rapproché, il n'aurait rejoint le point du ciel où se trouve aujourd'hui cet astre que dans cent-vingt-deux mille années, et il y aurait longtemps que cet astre accomplissant sa course ne serait plus là où on le voit maintenant.

La lumière communique son mouvement avec une rapidité, effrayante pour nos sens, de 77,000 lieues par seconde. Elle ne met que huit minutes quatorze secondes environ pour nous arriver du soleil, et, s'il s'éteignait soudain, il faudrait encore huit minutes quatorze secondes avant que nous nous voyions plongés dans la nuit.

Mais, pour aller du soleil à l'étoile la plus voisine de lui, ou réciproquement, elle met trois ans et huit mois.

Quant à l'étoile la plus éloignée de nous, parmi celles que nous pouvons apercevoir et dont on connaît la distance, il lui faut soixante-dix années pour échanger sa lumière avec celle du soleil.

Comment alors exprimer les distances qui existent entre notre nébuleuse et les autres nébuleuses résolubles qui peuplent, animent, échauffent et éclairent les profondeurs, insondables encore pour nous, de l'espace qui fuit infini devant nous à mesure que la science, aidée des instruments perfectionnés, y avance!

TABLEAU

DES

PHÉNOMÈNES NATURELS

TABLEAU DES PHÉNOMÈNES NATURELS

I

PHÉNOMÈNES DUS A LA CONSTITUTION DE LA MATIÈRE TELLE QU'ELLE SE PRÉSENTE A NOS SENS

1° États sous lesquels nous voyons et sentons la matière

Mouvement moléculaire et ses transformations.
État solide, état liquide, état gazeux, corps à l'état mou.
Explosions.
Corps cristallisés.

2° Combinaisons et décomposition des corps

Chaleur développée dans les phénomènes de combinaison et de décomposition.
Isomérie, allotropie.
Dissociation.
Production du froid par les changements d'état, détente des gaz.

3° L'Électricité

Production de l'électricité par le frottement.
Production de l'électricité par l'influence.
Tonnerre.
Machines électriques.

Production de l'électricité par les combinaisons et les décompositions des corps.
Courants électriques.
Magnétisme et électro-magnétisme.
Action des courants sur les fils conducteurs.
Télégraphes électriques.
Bobines d'induction et machines électro-magnétiques.
Lumière électrique.
L'électricité se transforme en chaleur.
Les aurores boréales.

II

PHÉNOMÈNES LUMINEUX

1° Réflexion

Images dans les miroirs.

2° Réfraction

Réfraction.
Polarisation.
Interférences et diffraction.
Spectres lumineux.
Analyse spectrale.
Impressions photographiques.
Phosphorescence.

3° Réflexion et réfraction dans l'atmosphère

III

COMMENT LES CORPS SE MEUVENT

1° Inertie de la matière et cause du mouvement

Inertie de la matière.
Comparaison des forces qui mettent les corps en mouvement.

Manière dont les corps en mouvement transmettent et perdent leur vitesse.

2° Élasticité

3° Le Son

IV

FORMATION DE LA TERRE. LES PLANTES LES ANIMAUX

1° Phénomènes connus qui ont dû accompagner la formation de la terre

Les vents et les orages.
Les volcans.
L'atmosphère.
Plantes et animaux fossiles.
Terrains formant l'écorce de la terre.

2° Les plantes et les animaux

Substances composant les cellules qui constituent les êtres vivants.
Nutrition par la digestion et la respiration.
Végétation.
Action du système nerveux.

3° Matières organiques

Carbures.
Alcools et leurs dérivés.
Alcalis végétaux.
Substances minérales entrant dans la constitution des êtres animés.
Ce que l'on retire de la houille.
Fermentation et moisissure.

QU'EST-CE QUE LA MATIÈRE

Ceux qui, les premiers, ont cherché à trouver la cause des choses qui se passent autour de nous ont tout d'abord dû observer avec attention les phénomènes de la nature sous toutes leurs formes.

Et lentement, en groupant les résultats des observations, les observateurs ont pu arriver peu à peu à découvrir les lois qui font naître les phénomènes, à les expliquer, à les prévoir.

On a ainsi reconnu que la *matière*, du moins telle que nous la voyons et la sentons, *semble* être constituée par la réunion d'*atomes soumis à des lois simples*, lesquelles font tout ce que nous voyons, tout ce que nous sentons.

L'*idée de l'atome* est bien vieille; elle nous vient des savants de l'ancienne Grèce.

Mais qu'est-ce que l'atome? Là est tout le mystère!

On n'a pu diviser assez les corps que forme la matière pour trouver cette particule infiniment petite; on n'est pas parvenu à isoler un de ces atomes des ensembles qu'ils composent.

Peu importe à ceux qui se livrent à l'étude des

sciences. Ils observent la matière telle qu'elle se présente à nos sens.

Si l'esprit humain rempli de science n'est pas encore satisfait, parce qu'il n'a pas vu l'atome et ne s'est pas encore défini lui-même, il faut cependant, au point de vue de la véritable science, s'en tenir à l'observation de plus en plus profonde et méthodique des faits pour en tirer de justes conclusions.

Sans cela, il n'est pas de véritable science ; sans cela, on retombe dans les erreurs profondes, on quitte le réel, utile au progrès, pour retomber dans le vague de l'imagination, si fatal à l'humanité, comme le montre son histoire.

I

PHÉNOMÈNES DUS A LA CONSTITUTION DE LA MATIÈRE TELLE QU'ELLE SE PRÉSENTE A NOS SENS

1° États sous lesquels nous voyons et sentons la matière

Mouvement moléculaire et ses transformations. État solide. État liquide. État gazeux. Corps à l'état mou. — (1) C'est par la petitesse extrême des molécules dont sont composés les corps que l'on peut s'expliquer comment les plus petits animaux, ceux qui sont invisibles à nos yeux et que des *microscopes*, appareils grossissant jusqu'à plusieurs centaines de fois en surface, nous permettent seuls de voir, possèdent des organes pour se mouvoir, respirer et se nourrir comme les plus grands, et où le sang circule.

(2) Tous les corps peuvent se présenter sous trois états : l'état solide, l'état liquide, l'état gazeux.

L'eau ordinaire, par exemple, existe à l'état liquide à la température ordinaire ; elle passe à l'état de vapeur invisible, si on la chauffe, et à l'état de glace, si on la refroidit.

C'est la température à laquelle est porté un corps qui détermine celui des trois états sous lequel il se présente à nous.

Il faut des températures différentes à chaque corps pour exister solide, liquide ou gazeux.

Ainsi, à la température de nos climats terrestres, l'eau n'est pas à l'état solide de glace, elle se présente liquide et s'évapore, il est vrai, très lentement, dans l'atmosphère, même à ce que l'on nomme la température ordinaire, tandis qu'il faut une température très élevée pour que les métaux, solides à cette même température, puissent être amenés à l'état liquide, c'est-à-dire fondus, ou à l'état de gaz, c'est-à-dire volatilisés.

Si les métaux sont parfaitement solides à la température de l'atmosphère, d'autres corps sont parfaitement gazeux dans ces mêmes conditions d'échauffement. Ainsi l'air reste à l'état de gaz invisible, quel que soit le froid que nous éprouvions, tandis que, si la température s'abaisse en un point quelconque de l'atmosphère, la vapeur d'eau qu'il contient se condense à l'état liquide sous forme de brouillards, de nuages et tombe en pluie, et, si l'abaissement est plus considérable, c'est sous forme solide qu'on la voit tomber à l'état de neige ou de grêle, à travers cet air qui ne change pas d'état.

Le gaz ammoniac ou alcali volatil est toujours à l'état de gaz à la température ordinaire.

Par la compression exercée très énergiquement, combinée avec un grand abaissement de leur température, on est parvenu à liquéfier les gaz les plus difficiles à faire changer d'état. Ainsi les deux corps dont le mélange forme l'air et que l'on nomme le gaz *oxy-*

gène et le gaz *azote* peuvent être liquides comme l'eau.

En résumé, quel que soit le corps que l'on considère, il y a toujours une température assez basse pour qu'il soit solide et une température assez élevée pour qu'il se trouve amené à l'état de gaz en passant, à un certain degré d'échauffement intermédiaire, par l'état liquide.

Les molécules qui composent les corps ne se touchant pas sont séparées par des espaces que l'on nomme pores. Quelque grossissant que soit un instrument, on ne peut voir ces pores.

Il existe de plus, dans les corps, des trous que les instruments laissent parfaitement apercevoir et que l'on distingue même avec les yeux ; ces espaces vides de matière sont appelés *pores sensibles*, bien visibles dans les éponges, les pierres poreuses, etc.

Lorsque l'on échauffe un corps, à quelque état qu'il soit, il augmente toujours de volume ; on dit qu'il se dilate. Cette augmentation de volume est, surtout pour les corps solides, quelquefois insensible pour nos sens, et alors il faut des instruments particuliers pour apprécier le phénomène.

Dans les thermomètres on voit bien ce qui se passe sous l'influence de la chaleur : c'est grâce à l'extrême finesse du diamètre intérieur des tubes, où peu de liquide remplit un long espace, et à ce que l'enveloppe solide se dilate beaucoup moins que le liquide pour une même élévation de température.

Quand on refroidit un corps quelconque, il se contracte et reprend toujours le même volume pour une même température.

Dans ces phénomènes de dilatation ou de contraction, ce sont les pores invisibles, les espaces intermoléculaires qui augmentent ou diminuent, les molécules s'éloignent ou se rapprochent les unes des autres.

Les molécules des corps à l'état gazeux semblent, au lieu d'être liées les unes aux autres par les lois de l'attraction, n'obéir qu'à une répulsion et s'éloignent les unes des autres. Elles n'ont plus de mouvement vibratoire, mais un mouvement de translation rectiligne dans diverses directions.

Cependant les gaz que l'on a nommés aussi *fluides aériformes* sont pesants, c'est-à-dire que leurs molécules obéissent aux lois de la gravitation universelle.

Si, à l'aide de machines, que l'on appelle *machines pneumatiques*, on retire l'air que contient un ballon de verre par exemple, comme on fait de l'eau d'un puits, avec une pompe, ce ballon pèsera ensuite moins que lorsqu'il était plein d'air ; si on remplace l'air qu'il contenait par un autre gaz, la balance indiquera un nouveau poids inférieur ou supérieur, suivant le corps introduit dans le récipient.

Si on prend un corps solide quelconque et qu'on le chauffe, à un instant donné, ou plutôt à une température fixe, on verra qu'il devient liquide.

Mais les corps ne deviennent généralement pas liquides tout d'un coup. Ils commencent par se ramollir quand la température s'élève et se liquéfient peu à peu entièrement. Une fois devenus liquides, si la température continue à augmenter, à un instant donné ils commencent par laisser échapper des vapeurs, qui deviennent de plus en plus abondantes, jusqu'à ce que toutes les molécules se soient séparées en gaz que l'on recueille dans des vases convenables ou que l'on laisse échapper dans l'atmosphère.

La compression de l'air empêche les vapeurs, que tendent à produire les corps qui se volatilisent facilement aux températures ordinaires, de s'échapper. Elles sont maintenues par les molécules de cet air qui leur font obstacle, quand elles tendent à se former.

Mais, si sous un globe de verre, sous lequel on a placé un corps facilement volatilisable aux températures de l'atmosphère, on fait le vide à l'aide d'une machine pneumatique, les vapeurs se produisent à mesure que l'air est enlevé et jusqu'à ce que la pression du nouveau gaz arrête à son tour la production des vapeurs en comprimant les molécules liquides, comme le faisait l'air.

Les gaz occupent donc des volumes de plus en plus considérables en se répandant dans l'espace, quand on ne les tient pas enfermés dans des vases tels qu'ils ne puissent passer à travers leurs pores ou les briser.

Explosions. — Quand une rapide élévation de température peut tout à coup volatiliser un corps, on a des explosions, qui sont dues à ce qu'une dilatation instantanée s'ajoute à la propriété d'expansion naturelle des gaz. Le corps, devenu gazeux à une haute température, occupe soudain un beaucoup plus grand volume que celui qu'il occuperait à la température ordinaire. Puis, le gaz revenant également rapidement à cette température, l'air se précipite dans le vide qu'il laisse en se contractant. Et un ébranlement, produisant une détonation, a lieu, d'autant plus considérable que le phénomène se produit plus rapidement et sur des quantités plus grandes de matière.

C'est ainsi que la poudre, transformée en plusieurs corps gazeux par la chaleur d'une amorce enflammée sous un choc, chasse la charge d'une arme à feu ou brise un obus.

Le gaz que l'on appelle l'*hydrogène*, enfermé dans un ballon, ne passe pas à travers l'enveloppe, que l'on a su rendre le plus imperméable possible, et a assez d'espace pour ne pas la briser, ne subissant pas de variations brusques ou considérables de température, tout en pressant toujours contre la paroi par le choc des molécules qui rebondissent sur cette paroi comme des balles élastiques contre un mur.

La résistance de l'enveloppe, qui n'est autre chose que l'attraction qui retient ses molécules liées les unes aux autres, est plus énergique que la force d'expansion des molécules du gaz, qui tend à les désunir en cherchant toujours à occuper un plus grand espace.

Corps cristallisés. — Tous les corps à l'état solide peuvent être cristallisés, c'est-à-dire avoir une forme régulière. Cela tient à la disposition des molécules qui les composent, par rapport les unes aux autres. Quand un corps est à l'état dit *cristallin*, ses molécules sont disposées symétriquement. C'est comme, par exemple, si les substances à cet état étaient composées de bandes placées au-dessus les unes des autres. Ces bandes ou *lamelles cristallines* sont séparées par les espaces intermoléculaires seulement, et chacune d'elles est formée par l'assemblage des atomes ou des molécules disposés à égale distance les uns des autres ou régulièrement placés (1).

(1)

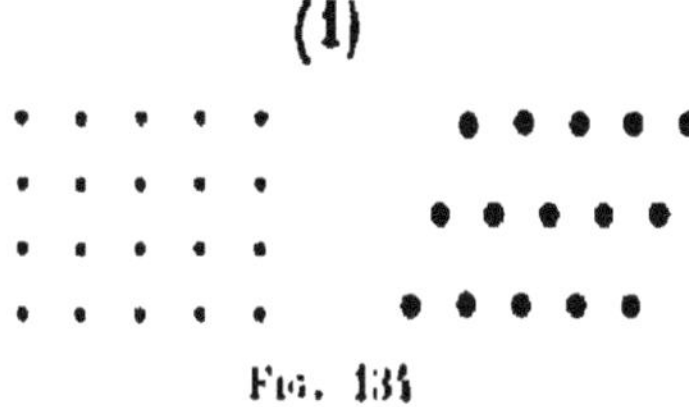

Fig. 134

Il arrive que, pendant la formation de ces cristaux, des matières étrangères ont été emprisonnées entre les lamelles qui se superposaient successivement. C'est là la cause de ce que les cristaux naturels, c'est-à-dire ceux qui composent certains terrains ou que l'on trouve en creusant les mines, sont composés généralement de la substance principale, avec la forme cristalline qui lui est propre, mélangée avec d'autres substances que l'on trouve en décomposant le corps.

Il est généralement facile d'enlever à un cristal des lamelles dans un ou plusieurs sens; c'est ce que l'on nomme *cliver* un cristal.

(3) Tout se passe dans la nature *comme* si ce qui compose l'univers se trouvait plongé dans un corps particulier que l'on a nommé l'*éther*.

Cet éther doit remplir les espaces qui existent entre les astres, pénétrer entre les molécules ou les atomes de tous les corps.

Alors on comprend que les vibrations, dont sont animées ces particules dans toutes les directions, ébranlent l'éther et se communiquent de proche en proche, comme lorsqu'une pierre qui frappe un point de la surface de l'eau, par exemple, ébranle les molécules qu'elle a rencontrées. On voit se former dans le plan de la surface liquide des ondulations qui se propagent au loin, autour du point auquel la pierre a donné un mouvement d'abaissement puis de retour vers la première position d'équilibre, animant successivement toutes les parties de cette surface de ce même mouvement.

C'est ainsi que ce que nous nommons la chaleur et la lumière peuvent se transmettre et que nous voyons ce qui est entièrement séparé de nous.

2° Combinaisons et décompositions des corps

(4) L'eau est formée par la combinaison de deux corps simples : l'hydrogène et l'oxygène.

Il ne faut pas confondre un mélange et une combinaison.

Un corps formé par combinaison n'a aucune des propriétés particulières ou des caractères de ceux qui ont servi à le former.

Ainsi l'eau ne ressemble en rien aux gaz qui entrent dans sa composition.

Tandis que l'air que nous respirons étant un simple mélange, on y trouve à la fois toutes les propriétés de chacun des corps qui le composent.

1° Les corps se combinent molécule à molécule ; ainsi l'eau est formée par la réunion d'une molécule d'hydrogène avec une molécule d'oxygène qui a fait une molécule d'eau.

2° Un atome d'un corps simple peut s'unir à plusieurs atomes d'un autre corps simple ; l'acide *sulfurique* ou l'*huile* de *vitriol*, par exemple, est formée de molécules faites d'un atome de soufre uni à trois atomes d'oxygène.

Si on combine les deux corps qui entrent dans la

composition de l'air que nous respirons, on n'a plus un mélange et on obtient plusieurs nouveaux corps composés qui ne ressemblent en rien à l'air, dont l'un est l'*acide azotique* ou acide *nitrique*, si énergique, résultat de l'union d'une molécule d'azote et de cinq atomes d'oxygène.

3° Enfin, plusieurs atomes d'un corps simple peuvent s'unir à plusieurs atomes d'un corps simple différent ou de plusieurs autres corps simples :

Le vinaigre pur ou *acide acétique* est fait de molécules résultant chacune de l'union de quatre molécules de *carbone* ou *charbon pur* avec quatre molécules d'hydrogène et quatre d'oxygène ;

L'*alcool* pur de celle de quatre molécules de carbone avec six molécules d'hydrogène et deux d'oxygène.

4° Les corps composés se combinent entre eux comme les corps simples.

Par exemple, l'acide azotique s'unit à un corps formé avec l'oxygène et l'argent, que l'on nomme l'*oxyde d'argent ;* chaque molécule de l'acide azotique s'unit à une molécule de l'oxyde d'argent et on obtient ainsi un nouveau corps que l'on appelle l'*azotate d'oxyde d'argent* et dont on fait la *pierre infernale.*

Tous les corps composés peuvent être divisés en trois groupes : les *acides*, les *bases* et les *sels.*

Les sels sont le résultat de la combinaison d'un acide et d'une base.

L'azotate d'oxyde d'argent est un sel, car l'oxyde d'argent est une base.

Ce que l'on nomme le sel ordinaire ou sel de cuisine est un corps qui résulte de la combinaison de l'acide *chlorhydrique* et d'une base, l'oxyde de *sodium* ou la *soude*.

Dans toute combinaison, il entre toujours exactement la même quantité en poids de l'un des corps composant cette combinaison pour un poids défini de l'autre.

Si, quand on met les corps à unir en présence, il y a excès de l'un, quand l'opération sera terminée on trouvera, outre le nouveau corps, *un résidu* qui sera ce qui était en trop de l'un des corps.

Le corps formé a toujours un poids égal à la somme de ceux des composants qui ont disparu.

Si on fait la décomposition de la matière ainsi obtenue, on recueille exactement les corps employés, avec leurs poids qui avaient disparu dans la combinaison.

Le grand savant Lavoisier a justement exprimé ce fait en disant que dans la nature « rien ne se perd, rien ne se crée ».

Chaleur développée dans les phénomènes de combinaison et de décomposition. — Dans chaque corps, le mouvement dont sont animés les atomes et les molécules est différent *par la vitesse* de celui des autres corps, mais *toujours le même pour un même corps* à l'état normal.

Comme il a été dit déjà, la chaleur n'est que la sensation que produit sur nous le mouvement vibratoire dont sont animés les atomes et les molécules.

Et on dit que la température d'un corps est *plus* ou *moins élevée* que celle d'un autre corps lorsque le premier produit sur nos sens une sensation de chaleur plus ou moins vive que le second.

Lorsque le mouvement moléculaire d'une substance quelconque est plus faible que celui de la partie du corps humain mise en contact avec cet objet, nous exprimons la sensation de cette différence de température en disant que l'objet touché est froid; il nous paraît plus ou moins froid, suivant que la différence de température est plus ou moins grande.

La chaleur qui nous fait apprécier la température des corps est appelée *chaleur sensible.*

Cette chaleur sensible se communique par le contact, ou par rayonnement, c'est-à-dire par l'ébranlement de l'éther qu'elle met en mouvement vibratoire, à tous les corps voisins.

Cela fait que tous les corps, en perdant ou en gagnant du mouvement calorifique, tendent toujours ainsi à se mettre à la même température, comme on dit, à se mettre en équilibre de température.

Pour se maintenir constitué tel que nous le voyons, chacun des corps doit posséder un mouvement moléculaire particulier, c'est-à-dire que ses molécules vibrent avec une rapidité fixe et invariable pour chacune des diverses substances de la nature.

Ce degré de rapidité est nécessaire aux corps et ils n'en cèdent rien, ni par contact, ni par rayonnement, ce qui fait que nous ne pouvons le sentir puisqu'ils le gardent en entier.

On a donc appelé ce mouvement moléculaire, que nous ne pouvons ni voir, ni sentir dans les corps, *chaleur latente de constitution.*

Il suit de là que la température d'un corps n'est que la différence entre la vitesse du mouvement moléculaire *nécessaire à la constitution* de ce corps et celle qui résulte de l'accélération qui a été communiquée *en plus* à ses molécules par le contact ou le rayonnement d'autres corps plus chauds que lui.

Lorsque deux substances simples ou composées forment une combinaison, chaque particule nouvelle, qui devient la molécule dont est constituée la matière nouvelle, est animée d'un autre mouvement qui est *plus* ou *moins* rapide que celui que possédaient les molécules des corps composants *avant leur combinaison.*

Si le mouvement est plus accéléré, les particules ont reçu une nouvelle vitesse qui s'est ajoutée à la première et elles ont dû nécessairement pour cela l'emprunter quelque part.

Elles la prennent aux corps voisins, auxquels elles enlèvent ainsi de la chaleur sensible, et ceux-ci se refroidissent. Aussi, ces sortes d'opérations se font par l'action du feu, et la chaleur du foyer fournit aux substances en présence ce qui leur est nécessaire.

Si le mouvement résultant est moins rapide, c'est au contraire la combinaison qui, perdant de l'activité de son mouvement moléculaire, abandonne de la chaleur ; cette chaleur devient sensible puisqu'elle ne sert plus à la constitution du nouveau corps, se communique aux corps voisins et les échauffe.

La chaleur qui, selon l'expression consacrée, se dégage ainsi au contact de certains corps est tellement considérable parfois que ces corps deviennent incandescents.

Ainsi, lorsque l'on verse par exemple de l'*antimoine* en poudre dans un flacon rempli d'un gaz nommé le *chlore*, il y a combinaison avec lumière et il se forme une poudre blanche qui est du *chlorure d'antimoine*.

Si on verse de l'acide sulfurique dans de l'eau, l'échauffement dû à la combinaison de ces deux matières fait que l'on ne pourrait tenir le vase à la main et qu'il y a danger, car il se briserait par l'effet de la chaleur produite.

Toute flamme est produite par une combinaison dégageant beaucoup de chaleur.

Dans nos maisons, c'est le charbon, l'huile, le bois ou le gaz d'éclairage qui forment des combinaisons avec l'oxygène de l'air.

La chaleur dégagée ou absorbée dans la combinaison des corps est toujours la même pour une même quantité de mêmes corps.

Comme la matière, le mouvement ne se perd pas. Si un corps est en mouvement, par exemple une balle de plomb que l'on laisse osciller au bout d'une ficelle, son mouvement se communique aux molécules de l'air, à tout ce qu'il touche et, par cela même, la vitesse de ce mouvement se ralentit de tout ce que le corps cède dans tous les sens peu à peu; et tout ce qui est abandonné anime d'autres corps et se propage de proche en proche. Il en est de même du mouvement moléculaire.

Et, lorsque l'on fait la décomposition de substances qui ont été unies par combinaison, il faut, pour réussir, ou leur rendre exactement la quantité de chaleur qu'elles ont perdue en se combinant, ou voir apparaître la chaleur qu'il avait fallu leur donner.

Isomérie et allotropie. — Quelques corps simples ou composés se présentent sous des aspects différents qui ont chacun des caractères distincts; on dirait que ce sont des substances particulières.

Cependant, quand on les combine, on obtient toujours des composés identiques; et ce sont les mêmes poids qui entrent en combinaison, quel que soit l'état sous lequel on ait pris celui de ces corps que l'on étudie quand on l'unit à une même matière.

Ainsi le soufre, que l'on connaît sous plusieurs aspects, forme toujours les mêmes acides avec l'oxygène.

Le phosphore, dont on connaît aussi plusieurs espèces, donne le même acide phosphorique avec l'oxygène, quelle que soit l'espèce sur laquelle on agit.

Cela est dû à ce que le mouvement moléculaire n'est pas le même dans les divers états d'une même substance, les molécules cependant étant identiques dans chacun d'eux. Ce qui prouve que c'est bien dans le mouvement des molécules qu'il faut chercher la raison de ce phénomène, c'est que, dans les décompositions ou les combinaisons, la chaleur dégagée ou absorbée diffère avec l'état sous lequel on a pris le corps.

Lorsqu'il s'agit des corps simples, on dit que ces corps sont *allotropiques*.

Lorsque ce sont des corps composés que l'on considère, on dit qu'ils se présentent à nos sens sous des états *isomériques* ou qu'ils sont *isomères*.

Ce fait bien étudié a conduit à penser que, dans la nature, il n'y avait qu'un seul corps.

Ce serait là le véritable corps simple, formé du véritable atome.

Les atomes *disposés dans la matière d'une manière*

différente, animés de mouvements particuliers à chacun des corps, suivant les conditions qui ont présidé à sa formation et celles qui le maintiennent constitué tel qu'il est, donneraient cette immense diversité sous laquelle elle nous apparaît.

Alors, quelle simplicité au milieu d'une effrayante variété, qui d'abord semble un désordre !

Ainsi, une seule espèce d'atomes parfaitement semblables, animés de mouvements soumis aux lois de la gravitation universelle, a tout formé dans cet univers où tout est varié, où rien n'est stable et où cependant tout se ressemble.

Production du froid par les changements d'états et par la détente des gaz. — Quand ils se combinent, les corps absorbent ou dégagent de la chaleur. Pour cela, lorsqu'ils en absorbent ils prennent une partie de celle des corps voisins ; lorsqu'ils en dégagent ils cèdent, au contraire, à ceux-ci ce qu'ils ont de trop.

La même chose a lieu lorsque les corps changent simplement d'état :

Ainsi un corps à l'état de gaz avait absorbé une certaine quantité de chaleur qui lui était nécessaire pour se volatiliser quand il était liquide. Il dégage toute cette quantité de chaleur en revenant à cet état liquide.

Et lorsqu'on le fait repasser à l'état solide, il rend encore toute la chaleur qu'on avait dû lui donner pour le liquéfier.

Ces phénomènes naturels permettent de produire des grands froids.

Lorsque, par le refroidissement et la compression,

on est parvenu à liquéfier certains gaz, quand on leur rend la température et la pression ordinaires, ils repassent rapidement à l'état gazeux et produisent un grand froid sur l'air environnant et les corps voisins, parce qu'ils leur prennent toute la chaleur dont ils ont besoin pour exister à l'état gazeux et dont la quantité est égale à celle qu'ils avaient abandonnée en passant à l'état de gaz.

Lorsqu'un corps a été ainsi amené, par refroidissement et compression, de l'état de gaz à celui de liquide, si en faisant cesser la pression à laquelle on l'avait soumis, on le laisse se volatiliser librement, il absorbe une quantité de chaleur considérable.

En effet, le gaz *se forme*, puis *se dilate* en revenant à la pression ordinaire.

Il y a ce que l'on nomme détente du gaz, et ce gaz prend encore la chaleur qui lui est nécessaire pour occuper un plus grand volume, celui qu'il doit occuper à la pression ordinaire, ce qui produit un refroidissement sur les corps en contact avec lui et le liquide qui lui donne naissance en se volatilisant, car ces corps cèdent au liquide leur mouvement calorifique et cela diminue d'autant celui qu'ils possèdent.

3° L'Électricité

Les atomes, dont est formée la matière, ont la propriété d'être toujours en mouvement et de se combiner pour faire tous les corps de la nature.

Ils possèdent encore une autre propriété très importante, c'est celle de prendre, dans certaines conditions, un état particulier que l'on nomme l'*état électrique*.

Production de l'électricité par le frottement. — De l'électricité les anciens ne connaissaient qu'une chose, c'est que, lorsque l'on a frotté un morceau d'ambre, il attire les corps légers.

Et le nom d'électricité est venu du nom grec de l'ambre, *électron*.

Depuis le XVIe siècle :

On a vu d'abord que l'on détermine ce que l'on a appelé l'*accumulation de l'électricité*, c'est-à-dire l'état électrique, sur beaucoup de corps à l'aide du frottement.

Puis on a vu que la propriété électrique, c'est-à-dire celle d'attirer les corps légers, ayant été déterminée en un certain point d'un corps, pouvait, suivant la nature du corps frotté, se répandre sur toute sa surface, avec une rapidité plus ou moins grande, finir par disparaître d'autant plus vite qu'elle se répandait rapidement, tandis que, sur certaines substances, elle se montrait au point frotté seulement et se conservait fort longtemps.

On a nommé les premiers corps *corps conducteurs* et les seconds *corps isolants.*

Et on a conclu de ces faits, que les corps qui semblaient ne pouvoir pas s'électriser étaient tels que l'électricité s'y répandait avec une grande rapidité et, lorsqu'ils étaient en contact avec des corps parfaitement conducteurs elle se communiquait à ceux-ci et par conséquent, dès qu'on la faisait naître, disparaissait du corps frotté, semblant ainsi s'écouler par les autres.

Ainsi, si on frotte un corps excellent conducteur de l'électricité, mais, suivant l'expression employée, *isolé*, c'est-à dire supporté ou maintenu à l'aide d'un corps non conducteur, c'est-à-dire isolant, on voit très bien que l'électricité s'y développe.

Les phénomènes d'attraction se manifestent aussi nettement que sur les autres substances.

L'air, quand il est sec, c'est-à-dire lorsqu'il contient très peu d'humidité ou de vapeur d'eau, est isolant. Voilà pourquoi, malgré le contact de l'air, on a pu voir la propriété électrique sur les substances sur lesquelles elle ne se répand pas facilement ; mais le corps humain est un ensemble conducteur, et, lorsque l'on tient à la main un corps bon conducteur, on ne peut l'électriser, car aussitôt que l'on y développe l'électricité elle disparait en se communiquant au corps et de là va dans le sol.

On peut déjà voir que, comme le mouvement, l'électricité ne se perd pas, mais se communique de proche en proche.

Et si on fait communiquer un corps électrisé avec un autre corps, la propriété électrique abandonnera le premier, comme la chaleur quitte un corps chaud au contact de l'air ou d'un corps plus froid que lui-même pour se répandre sur les deux substances et de là sur celles avec lesquelles elles sont en contact.

Les métaux sont les meilleurs conducteurs. A travers certains d'entre eux l'électricité se propage de proche en proche avec une rapidité effrayante comme la lumière.

Production de l'électricité par l'influence. — Un corps à l'état électrique, ou, comme on dit, électrisé, communique cet état électrique à distance, comme un corps chaud échauffe des corps placés près de lui, comme un corps lumineux les éclaire.

Aussi on a bientôt observé un fait curieux. Lorsque l'on approche un corps électrisé d'un autre corps conducteur, mais isolé par un support de verre bien sec par exemple ou formé par une substance résineuse, le corps ainsi soumis à son influence s'électrise en deux points différents de sa surface, et cela rapidement.

L'un de ces points est la partie (+) la plus voisine du corps influent; l'autre, la plus éloignée (—) (fig. 135).

La partie moyenne (M) est restée à l'état naturel ou *neutre*, selon l'expression usitée, car on ne voit s'y manifester aucun phénomène d'attraction.

De plus, on remarque de suite que les états électriques des deux parties + et — sont différents ; car si on approche un corps léger *électrisé* du point + et qu'il soit attiré vers lui *sans qu'on laisse le contact avoir lieu*, quand on l'approchera de la partie — ce même corps non seulement ne sera pas attiré, mais au contraire sera repoussé.

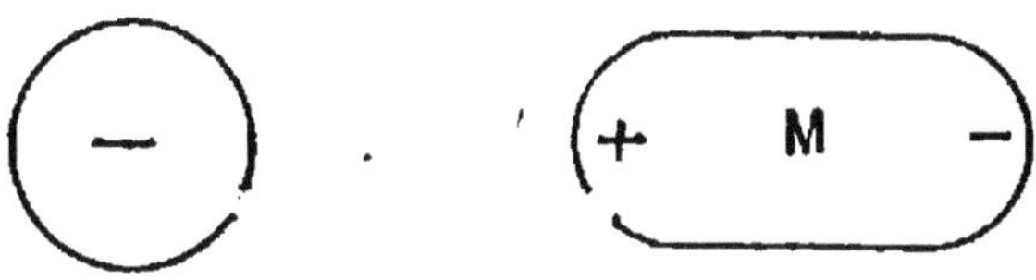

FIG. 135

De toutes ces recherches on a conclu que tous les phénomènes électriques se passent comme s'il y avait deux sortes d'électricités, que l'on a désignées, l'une par le nom de *positive* et le signe +, l'autre par le nom de *négative* et le signe —.

Et les corps s'attirent ou se repoussent, suivant qu'ils sont chargés d'électricités contraires ou d'électricités semblables.

On les considère comme pour ainsi dire unies ou combinées dans les corps qui sont à l'état naturel, et se séparant quand on électrise ces corps par *le frottement* ou par l'*influence* d'un autre corps *déjà à l'état électrique*. Dans ce dernier cas, dès que l'on fait cesser l'influence du corps électrisé, les électricités, séparées sur l'objet influencé, se réunissent d'elles-mêmes et cet objet revient de suite à l'état naturel.

Ainsi, en résumé, quand on frotte ensemble deux substances quelconques : 1° l'électricité se développe toujours, mais avec plus ou moins de facilité, suivant la nature des substances frottées;

2° De plus, l'un des corps s'électrise par l'électricité positive, c'est-à-dire positivement, tandis que l'autre prend l'état électrique négatif;

3° Enfin, si les corps sont isolés, on voit les phénomènes électriques se manifester sur chacun d'eux, tandis que, s'ils sont tenus par des corps conducteurs, l'électricité s'échappe au fur et à mesure de sa formation.

Quand un corps A est fortement électrisé et qu'on

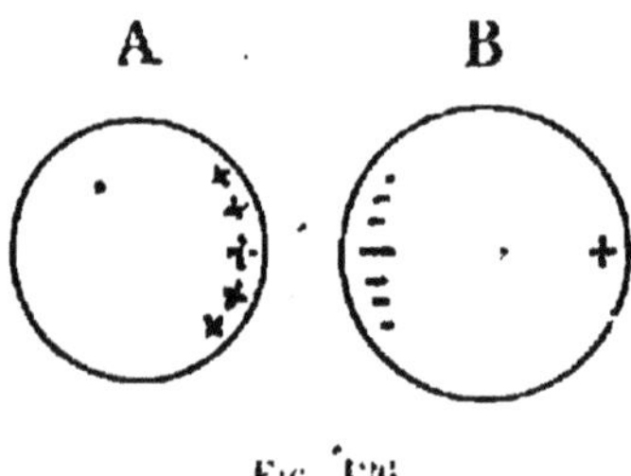

FIG. 136

l'approche d'un autre B, les deux électricités contraires en présence finissent par se rejoindre à une certaine distance et remettre à travers l'air, qui n'est pas parfaitement isolant, les molécules qui les possédaient à l'état neutre, et cela en produisant une étincelle bruyante, qui jaillit entre les deux corps.

Si le corps B est *isolé*, son électricité neutre s'est décomposée sous l'influence du corps électrisé A, mais celle de même nom que celle dont est chargé ce corps A (par exemple +) n'a pu s'échapper dans le sol. Et, lorsque l'étincelle aura signalé la recomposition des électricités positives et négatives attirées vers les points + et —, le corps A sera revenu à l'état neutre, et, comme on dit, sera déchargé, mais le corps B restera chargé d'électricité positive, que l'on pourra lui enlever en le touchant avec un corps conducteur non isolé.

Tonnerre. — L'éclair et le coup de tonnerre ne sont que des phénomènes électriques.

Les nuages, par divers frottements et par des causes qui modifient l'état de l'atmosphère, se sont chargés d'une électricité. Ils influencent d'autres nuées, et l'étincelle, que nous nommons l'*éclair*, finit par éclater, en produisant le bruit qui est *le coup de tonnerre*.

Quand la foudre tombe, comme on dit, *elle ne tombe pas*, mais elle éclate entre le sol et les nuages orageux.

Ces nuages électrisés, en passant au-dessus du sol, l'ont influencé ainsi que tout ce qui se trouve à sa surface au-dessous d'eux.

Et, si l'accumulation de l'électricité est assez grande, l'éclair jaillit entre les nuages et le sol.

Dans cette formidable étincelle, l'électricité passe par tout ce qui est conducteur pour, en brisant tout ce qui lui fait obstacle, aller, à travers les mauvais conducteurs qu'elle fait voler en éclat ou brûle, sur les bons qu'elle laisse intacts ou sur lesquels elle produit les effets d'un violent échauffement.

On a remarqué que, lorsqu'un corps n'est pas parfaitement sphérique, l'électricité que l'on y développe n'a pas sur toute sa surface une puissance égale, ainsi l'attraction ou la répulsion s'y manifestent avec des intensités différentes.

Si un corps a une forme allongée et effilée d'un côté,

de ce côté on verra qu'il y a plus d'action sur les corps légers en A par exemple qu'en B.

Et si le corps se termine par une pointe, toute l'électricité s'accumule si bien à la pointe qu'elle s'écoule par l'air.

De là est venue la pensée de placer des pointes sur les habitations.

Il faut bien les relier par des tiges ou des rubans métalliques, c'est-à-dire bons conducteurs, à toutes les masses conductrices qui peuvent entrer dans la cons-

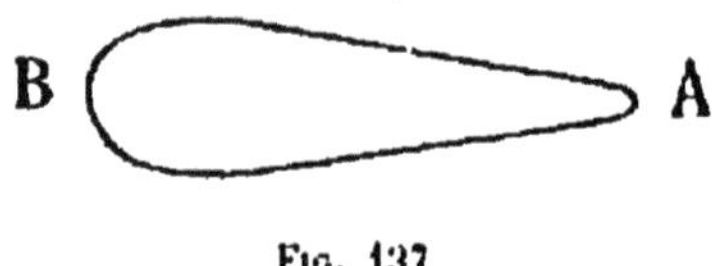

Fig. 137

truction et sur lesquelles l'influence des nuages orageux déterminerait rapidement l'accumulation de l'électricité, puis faire communiquer avec le sol.

Alors l'électricité de nature contraire à celle dont est chargée la nuée abandonne le sol par les conducteurs et les pointes et va, à travers l'air de proche en proche, neutraliser celle des nuages et l'édifice est ainsi protégé contre l'éclair qui ne jaillit pas.

Machines électriques. — Les machines électriques servent à obtenir de l'électricité en séparant les deux électricités d'un corps à l'état neutre.

Elles sont actuellement de deux sortes :

1° Celles qui sont le perfectionnement des premiers procédés employés pour recueillir de l'électricité.

Elles consistent aujourd'hui en un *plateau* ou un *manchon* de verre que l'on fait tourner à l'aide d'une manivelle.

Ce manchon ou ce plateau frotte contre des *coussins*, ce qui donne au verre de l'électricité positive, tandis que les coussins se chargent d'électricité négative. Un *conducteur métallique*, en communication avec les coussins et isolé, recueille cette électricité négative.

En même temps, des *conducteurs armés de pointes* et que l'on nomme *peignes*, également isolés, se chargent d'électricité positive par l'influence du plateau qui passe devant les pointes étant chargé d'électricité positive et revenant aussitôt après à l'état neutre, pour repasser sur les coussins et se recharger d'électricité positive.

Des tiges sont fixées aux conducteurs de manière à pouvoir glisser ou tourner pour se rapprocher, quand on veut faire jaillir l'étincelle entre leurs extrémités.

2° Des machines donnant des quantités d'électricité plus considérables, mais qui ne sont pas dues directement à l'effet du frottement.

Dans ces machines, un disque formé d'une matière isolante est aussi mis en mouvement de rotation : une plaque électrisée par frottement, placée d'un côté du disque tournant, fait que sous son influence l'électricité à l'état neutre d'un conducteur muni d'un peigne se décompose; l'une va à une extrémité du conducteur, tandis que le disque emporte l'électricité de nom contraire; il passe devant un autre conducteur à peigne qui se charge de cette même nature d'électricité et remet le plateau à l'état naturel; ce plateau se recharge en repassant devant la plaque électrisée. Les étincelles de ces machines sont redoutables.

Production de l'électricité par les combinaisons et les décompositions des corps. — Enfin, à partir de 1800, on a vu que les réactions chimiques, c'est-à-dire les combinaisons et les décompositions des corps, communiquaient à ces corps l'état électrique.

Il n'y a pas de réaction chimique sans production d'électricité.

Ce fait a permis de construire des appareils produisant de l'électricité.

Ces appareils sont généralement formés de bocaux isolants contenant un liquide et un métal. Le liquide et le métal des bocaux communiquent entre eux à l'aide de conducteurs. On a ainsi ce que l'on nomme des *piles électriques;* une réaction chimique entre le métal et le liquide produit une accumulation d'électricité positive à une des extrémités et d'électricité négative à l'autre; ces deux extrémités de la pile qui se chargent ainsi sont nommées les *pôles* de cette pile.

Courants électriques. — Lorsque l'on réunit par des fils conducteurs ces pôles, les deux électricités *se neutralisent* à travers ces fils, puis l'action chimique la reforme aussitôt. Cette neutralisation et ce renouvellement constant de l'électricité forment ce que l'on nomme le *courant électrique* dans les fils, qui sont ainsi constamment maintenus à l'état électrique, ou, suivant l'expression, parcourus par un courant électrique *allant du pôle positif au pôle négatif.*

A l'aide d'un courant électrique ainsi établi on fait agir l'électricité là où l'on veut.

Si on met sur le trajet de l'électricité dans les conducteurs des corps inflammables, ces corps prennent feu ; si on y place des corps explosifs, ils éclatent.

Cela est dû à ce que le courant ayant une difficulté à s'établir dans ces corps peu conducteurs, l'état électrique des molécules se transforme en mouvement moléculaire et échauffe la masse des corps.

Le magnétisme. — Dès longtemps avant Jésus-Christ on connaissait la propriété de ce que l'on appelait la *pierre de magnésie* d'attirer le fer et on savait que le frottement du fer contre cette pierre détermine la même propriété sur ce fer et en fait ce que l'on nomme des *aimants*.

La pierre de magnésie est un oxyde de fer, que l'on nomme l'*oxyde magnétique de fer* et composé de fer et d'oxygène.

Ces *aimants naturels* acquièrent leur pouvoir d'attraction par l'action de la terre.

Cela vient de ce que le magnétisme n'est en réalité qu'une forme de l'électricité.

En effet : 1° dans les aimants naturels comme dans les aimants artificiels, c'est-à-dire les aimants que l'on obtient par la friction du fer contre des pierres magnétiques, on a remarqué qu'il se trouve deux points où se manifeste l'attraction séparés par une partie neutre, absolument comme sur les corps soumis à l'*influence* d'un corps électrisé ;

2° On a vu, de plus, que tout se passait, quand on

met des aimants en présence, comme s'il existait deux sortes de magnétisme, car l'extrémité d'un aimant qui attire l'extrémité d'un autre aimant repoussera le bout opposé de ce même aimant et *réciproquement*, comme les corps électrisés s'attirent ou se repoussent, suivant qu'ils sont chargés d'électricités contraires ou d'électricités de même nature, et les corps aimantés séparent les deux magnétismes sur les fers placés près d'eux ;

3° Enfin les aiguilles aimantées ou les barreaux aimantés se dirigent toujours vers les mêmes points dans une direction voisine de celle du sud au nord.

Or la terre se trouve dans un état électrique continuel et sa masse agit comme si l'accumulation de l'électricité était située en deux points placés près des pôles de notre globe, influençant les pierres magnétiques d'une manière durable et dirigeant les aimants comme si lui-même était un puissant aimant.

Les extrémités des aimants où se manifestent les propriétés d'attraction ou de répulsion se nomment les pôles des aimants ; on appelle pôle austral celui qui se dirige vers le nord parce que son magnétisme est contraire à celui du pôle nord qui l'attire et semblable à celui du pôle sud qui le repousse.

Électro-magnétisme. — L'action des courants électriques sur les fers et celle des aimants sur les fils métalliques sont très remarquables.

1° Si on entoure un morceau de fer avec un fil conducteur, isolé à l'aide d'une enveloppe non conductrice par exemple, en enroulant autour de lui un fil de soie, qui préserve le fil de tout contact direct, lorsqu'on fera passer dans le fil conducteur un courant électrique, en joignant ses extrémités aux pôles d'une pile le courant produira l'aimantation du fer qu'il entoure.

L'aimantation est persistante, après que l'on a fait cesser l'action du courant en interrompant la communication du fil avec les pôles de la pile, si on a agi sur des fers ordinaires ou des aciers.

Mais, au contraire, elle *disparaît aussitôt* que l'action du courant n'existe plus, si le fer soumis à son influence est doux, c'est-à-dire parfaitement pur.

2° Réciproquement, les aimants peuvent produire des courants électriques dans des fils conducteurs que l'on a enroulés autour d'eux.

Ainsi, si sur une bobine on enroule un fil conducteur isolé, soit par une enveloppe de gutta-percha, soit par un fil de soie enroulé, en plaçant un aimant à l'intérieur de la bobine, on verra qu'un courant électrique se produira, *mais il cessera aussitôt* et, lorsque l'on retirera l'aimant, un courant se manifestera aussi dans le fil de la bobine *pour cesser également de suite.*

Lorsque l'on enroule des fils métalliques, ordinairement de cuivre rouge, autour de morceaux de *fers doux* on a ainsi des appareils auxquels on a donné le nom d'*électro-aimants.*

Action des courants sur des fils conducteurs. — 3° Enfin, si dans une bobine portant un fil conducteur, on place, non plus un aimant, mais une autre bobine portant également un fil conducteur enroulé sur elle, quand on fera passer le courant d'une pile dans le fil de cette bobine, elle agira comme l'aimant et produira un courant dans l'autre, *courant qui sera de sens inverse* à celui qui passe dans le fil de la première qui cessera de même aussitôt, pour se reproduire lorsque l'on interrompra la communication avec la pile, mais pendant un instant seulement et dans un sens inverse du premier courant déterminé, c'est-à-dire dans le sens de celui de la bobine influente.

En résumé toutes les fois que l'on approche un corps électrisé ou aimanté d'un autre corps à l'état naturel, le premier agit par influence sur le second pour y développer les propriétés électriques ou magnétiques *avec plus ou moins de rapidité* et *avec une intensité faible* ou *considérable*, suivant *la nature* des corps mis en présence.

Le corps qui agit est nommé corps inducteur; le corps influencé est appelé corps induit.

L'action est *persistante tant que les corps sont en présence*, comme lorsque les corps influents sont des corps chargés d'électricité ou des aimants, ou *passagère*, lorsque ces corps induisent des fils formant des circuits fermés.

Tous ces phénomènes, appelés *phénomènes d'induction*, montrent bien la liaison qui existe entre le magnétisme et l'électricité.

Télégraphes électriques. — Ils ont été utilisés pour établir les télégraphes électriques.

L'électricité produite par une pile passant dans un électro-aimant fait mouvoir une aiguille sur un cadran portant des signes et des lettres, en attirant un levier en fer lorsque le courant est établi. Ce levier déplace ainsi l'aiguille, puis revient à la position que lui donne un ressort dès que le courant cesse.

Un appareil semblable étant disposé à chacun des points que l'on veut faire correspondre, on les unit par des fils nommés fils télégraphiques.

En un de ces points, on arrête à la main une aiguille sur les signes que l'on veut faire connaître à l'autre ; l'action du courant qui s'établit en même temps fait marquer par l'aiguille le même signe à l'autre station télégraphique.

On a varié et perfectionné beaucoup les détails des appareils de télégraphie électrique.

Il en existe où l'action du courant sur le fer fait qu'un style imprégné d'une encre trace des traits et des points formant des signes convenus sur une bande de papier qu'un mouvement d'horlogerie fait passer sous lui tandis qu'il s'abaisse ou s'élève.

Bobines d'induction et machines électro-magnétiques. — On a aussi construit des machines donnant de plus grandes quantités d'électricité que les machines électriques ordinaires :

Telles sont les *bobines d'induction.*

Dans ces appareils, une bobine est enfermée dans une autre dont elle est isolée. Les fils qui les entourent font un très grand nombre de tours sur chacune de ces bobines.

Lorsque l'on fait passer le courant d'une pile dans la bobine intérieure, immédiatement un courant se produit dans le fil de l'autre, mais il cesse aussitôt.

Pour qu'il se reproduise constamment, la bobine inductrice contient en son milieu un paquet de fils de fer doux réunis en un faisceau.

Quand le courant de la pile arrive dans la bobine, le fer doux s'aimante et attire un levier qui se trouve à la sortie du circuit de la bobine. Ce mouvement fait cesser le courant en rompant la communication avec le conducteur venant de la pile.

Le fer doux se désaimante aussitôt, et alors, le levier reprenant sa position première, la communication est rétablie et le courant repasse.

Quand on approche l'une de l'autre les extrémités des fils de la bobine induite, des étincelles jaillissent sans interruption entre elles.

Dans d'autres machines appelées *électro-magnétiques*, des électro-aimants disposés régulièrement autour d'un axe qui peut tourner rapidement passent successivement devant des aimants.

Un courant électrique s'établit dans les bobines au passage de chacune d'elles devant un aimant qui influence le fer doux.

Tous les courants sont réunis dans deux fils conducteurs dont les extrémités forment les pôles de la machine, où s'accumulent les électricités positive et négative.

Pour mettre en mouvement les grandes machines de ce genre, il faut employer l'action des machines à vapeur afin de faire tourner la roue portant les bobines.

Elles donnent des étincelles formidables et foudroyantes quand on réunit les pôles par des conducteurs.

On peut transporter leur puissance électrique où l'on veut, soit par exemple pour mettre en mouvement des machines.

Lumière électrique. — On obtient avec elles une lumière très intense en échauffant jusqu'à l'incandescence des charbons assez rapprochés l'un de l'autre pour que le courant puisse passer de l'un à l'autre, ou en échauffant jusqu'à l'incandescence des fils de platine.

On ne sait pas ce que c'est que l'électricité.

Il est seulement certain que c'est un état particulier des molécules qui, une fois développé sur l'une d'elles ou sur un groupe, se transmet de proche en proche, de molécule à molécule sur tout le système composant le corps, plus ou moins rapidement suivant la plus ou moins grande conductibilité du corps pour l'électricité, et de là passe sur tous les corps en contact, toujours de molécule à molécule, si ces derniers sont conducteurs.

Les corps à travers lesquels la chaleur se transmet le mieux sont aussi ceux qui conduisent le mieux l'électricité.

L'électricité se transforme en chaleur. — Ainsi, si on met en action une machine électro-magnétique, dont les pôles sont réunis à ceux d'une autre machine électro-magnétique, le courant traversant les bobines de cette dernière la mettra en mouvement.

Mais, si on empêche ce mouvement en maintenant la manivelle de la roue qui fait tourner l'appareil, les conducteurs s'échauffent, et, si on met un fil fin de métal sur le trajet de l'électricité, dans les conducteurs, ce fil s'échauffera jusqu'à l'incandescence dès qu'on arrêtera le mouvement de la seconde machine, tandis qu'il restait dans son état naturel pendant qu'elle tournait.

Le fil conducteur s'échauffera et d'autant plus considérablement que la force qui met la machine en mouvement est plus grande.

L'état électrique des molécules est devenu mouvement et a accéléré celui de celles des conducteurs.

Aurores boréales. — Les aurores polaires, qui illuminent si splendidement les longues nuits des pôles et dont les lueurs, curieuses à suivre dans leurs variations, éclairent jusqu'à nos contrées du côté du nord, sont dues à des phénomènes électriques.

II

PHÉNOMÈNES LUMINEUX

1° Réflexion

Lorsque le mouvement *lumineux* ou *calorifique*, en se propageant à travers l'espace et dans toutes les directions, rencontre la surface d'un corps, ce mouvement en engendre deux nouveaux :

L'un qui est renvoyé dans l'espace, dans lequel il continue à se propager;

L'autre qui pénètre le corps.

On dit que la première partie du mouvement est *réfléchie*.

Cette réflexion se fait de telle sorte que : si on considère en particulier le faisceau lumineux envoyé soit par une flamme, soit par un corps incandescent ou éclairé par la lumière du jour qui rencontre une surface plane SP (fig. 138) :

Un des rayons O*i* qui composent ce faisceau sera renvoyé suivant une ligne droite ; cette ligne droite sera dans le plan déterminé : 1° par la ligne perpendiculaire à la surface frappée au point où le rayon l'a rencontrée ;

2° par le rayon lui-même. Ce plan est figuré par la surface du papier dans la figure 139.

La ligne perpendiculaire *i*N est ce que l'on nomme une normale à la surface plane SP, et le point *i* de rencontre avec le rayon est appelé le point d'*incidence*.

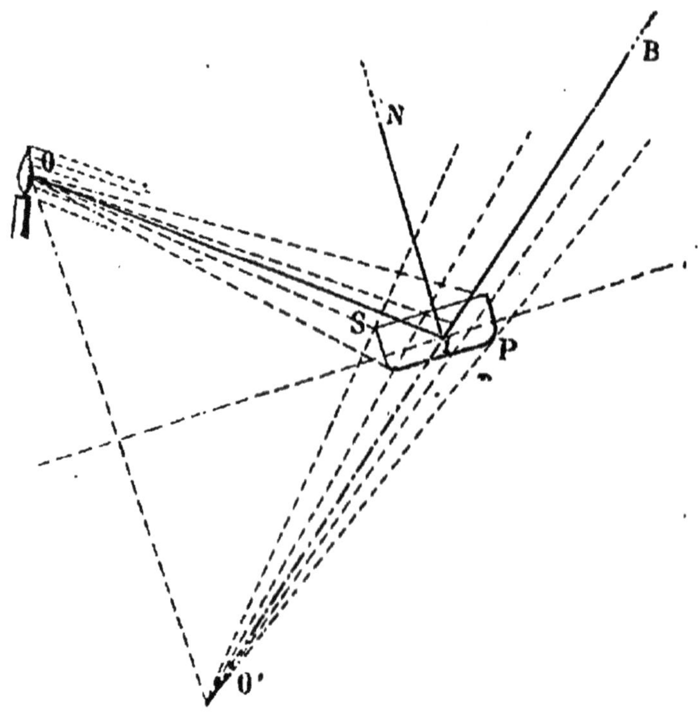

Fig. 138

De plus, cette nouvelle direction du mouvement lumineux fera, avec la normale, un angle exactement égal à celui que le rayon incident fait avec cette même normale.

Il en sera de même pour *chacun des rayons* émis par *chaque point* du corps éclairé ou lumineux.

Cela fait que toute la partie de la lumière ayant rencontré la surface, *qui se réfléchira* sur elle prendra une direction nouvelle, bien déterminée par l'angle d'incidence du faisceau de rayons.

Et les yeux d'une personne placée en un point B sur cette direction pourront être impressionnés par deux mouvements et voir directement l'objet lui-même à sa place, dans la direction des rayons qu'il envoie vers eux, et, de plus, l'apercevoir, mais en image, dans la

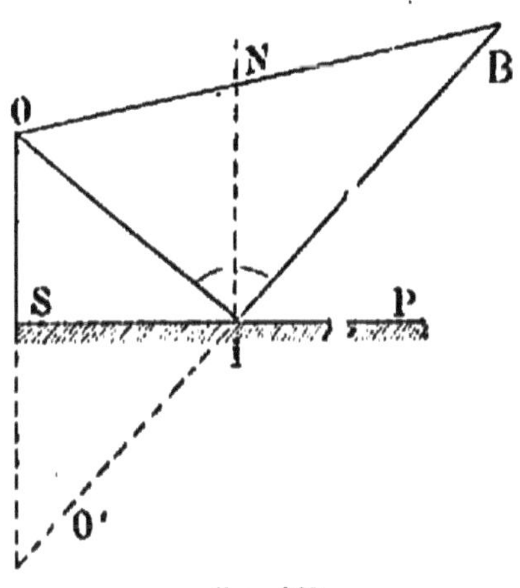

Fig. 139

direction des rayons réfléchis, car les yeux jugent forcément de la position des objets par la direction des rayons lumineux qu'ils en reçoivent, et ils verront l'image de l'objet comme s'il était placé symétriquement par rapport à la surface réfléchissante, au point O′.

Images dans les miroirs. — Plus une surface est régulière et bien polie, c'est-à-dire sans aspérité, plus les images sont nettes.

Si bien que dans les bons miroirs on ne voit pas la surface du miroir lui-même, mais l'image des objets mieux éclairés qu'elle dont elle reçoit le mouvement lumineux, la plus grande partie des rayons incidents étant renvoyée dans l'espace en un seul faisceau de lumière.

Un objet ayant été reflété par une surface polie, son image peut en donner une nouvelle sur une autre surface.

Car le mouvement lumineux réfléchi *ii'* viendra frapper une deuxième surface réfléchissante *i'*, comme il

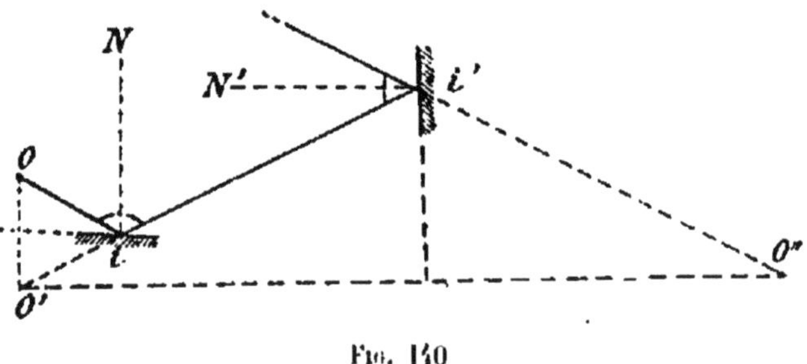

Fig. 140

frappe l'œil, et il s'y réfléchira en quantité plus ou moins grande, comme sur la première surface *i*.

Lorsque les objets ne sont pas polis, la lumière comme la chaleur se réfléchissent sur toutes les aspérités, *quelque petites* qu'elles soient, de leur surface. Alors le mouvement est renvoyé dans toutes les directions, suivant l'inclinaison des facettes rencontrées, par rapport aux rayons incidents.

La chaleur et la lumière sont alors ce que l'on appelle *diffusées*.

C'est la diffusion de la lumière par la surface des

objets éclairés qui permet de voir, *de toutes les directions*, ces objets et qui leur fait renvoyer de *tous côtés* la chaleur qu'ils reçoivent lorsque leur surface n'est pas polie.

Sans cela, on n'éprouverait la sensation de la lumière ou de la chaleur que dans la seule direction des rayons réfléchis.

Si la lumière et la chaleur du soleil n'étaient pas réfléchies par les molécules de l'atmosphère et par toutes les matières étrangères qu'il contient, lesquelles les renvoient dans toutes les directions et même dans l'ombre, les objets placés dans les ombres seraient entièrement invisibles et ne recevraient aucune chaleur du soleil.

2° Réfraction

Réfraction. — La seconde portion de la lumière ou de la chaleur rencontrant un corps, celle qui le pénètre s'y divise encore : une partie s'éteint en se transformant en mouvement moléculaire, c'est-à-dire cède son mouvement aux molécules du corps, qui se mettent alors à vibrer plus rapidement ; l'autre traverse la substance et c'est là la cause de ce que l'on nomme la transparence des

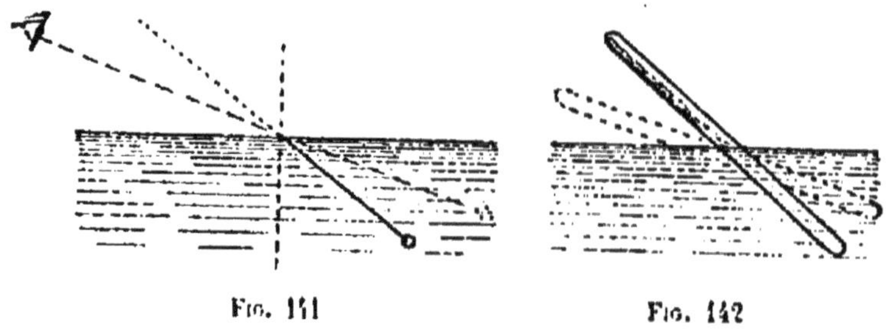

Fig. 141 Fig. 142

corps, qui permet de voir les objets placés derrière certaines substances comme le verre ou bien les autres matières dites opaques mais taillées en feuilles excessivement minces.

Le rayon lumineux, en pénétrant dans un corps, prend une autre direction que celle qu'il suivait avant de l'avoir rencontré. Il est dévié, on dit qu'il est *réfracté*.

Cela fait que la lumière envoyée par un objet situé dans l'eau, n'arrivant pas par le chemin direct qui va de l'objet à l'œil, cet objet paraît placé en un autre point que celui où il est réellement.

Polarisation. — Pour aller d'un point à un autre, à travers un même corps, l'air par exemple, la lumière se propage en ligne droite.

Chaque rayon lumineux est donc rectiligne AB.

Mais les vibrations de l'éther se *font perpendiculairement à cette direction rectiligne* (soit *m* une molécule

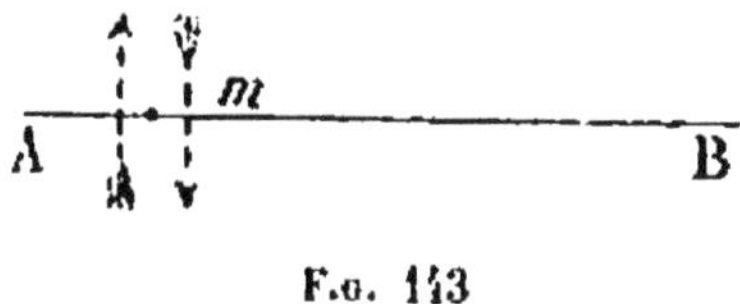

Fig. 143

vibrante) suivant laquelle se propage le rayon lumineux, et, de plus, *successivement* dans tous les sens autour de cette ligne AB.

Cependant, dans certains cas particuliers, le mouvement lumineux ne se fait que dans un seul sens, au lieu

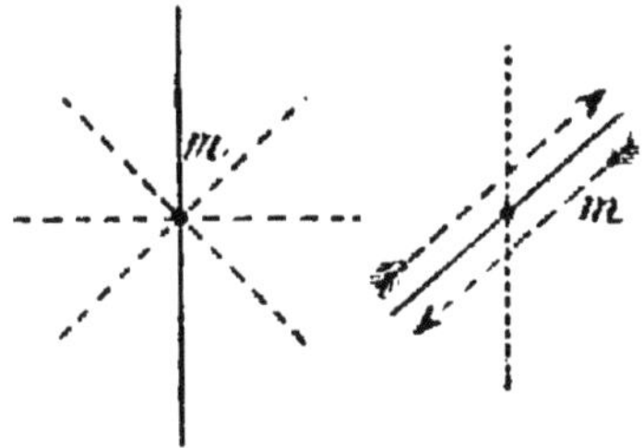

Fig. 144

de s'effectuer, comme dans le cas général, successivement dans chacun de tous les plans que l'on peut mener par la ligne joignant un point lumineux au point où arrive le rayon qu'il envoie.

Cela existe, par exemple, quand la lumière a été réfléchie sous un angle de 35 degrés ou lorsqu'elle a passé à travers certains cristaux.

Quand la lumière est ainsi amenée à vibrer dans un seul plan, on dit qu'elle est *polarisée.*

La polarisation explique plusieurs phénomènes curieux et intéressants, entre autres ceux très importants que l'on observe quand la lumière passe à travers certains corps cristallisés.

Lorsque la lumière passe à travers un corps, du verre par exemple, taillé de manière que la face par laquelle pénètre la lumière et celle par où elle sort fassent un angle, elle sera déviée.

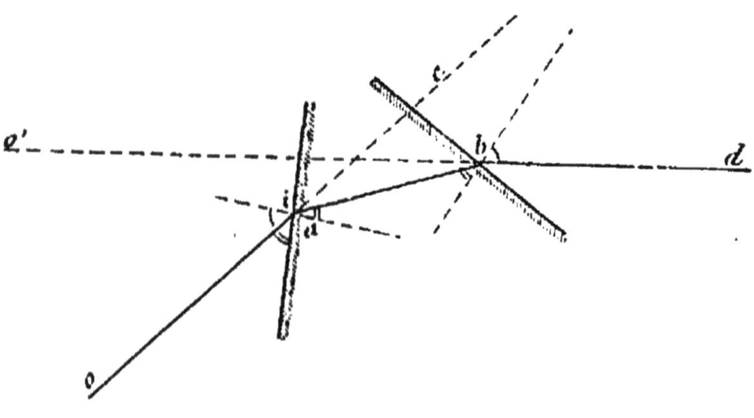

FIG. 145

Ainsi, si on considère un point d'un objet et un des rayons qu'il envoie sur le verre taillé *en prisme*, ce rayon restera dans le plan du rayon incident et de la normale à la face du verre au point d'incidence i[1], mais il ne fera plus avec cette normale le même angle, il en fera un plus petit et suivra la direction de la ligne *ab*, au lieu de sa direction première *ac*.

En sortant du verre, changeant encore *de milieu*, comme on dit, en repassant du verre dans l'air, il prendra une autre direction *bd*.

Et, en définitive, le point O sera vu seulement dans la direction *o'bd* comme s'il se trouvait en O'.

Chacun des rayons envoyés par chaque point de l'objet, que l'on regarde à travers le prisme, éprouvera les mêmes phénomènes de réfraction.

On a encore remarqué à travers les prismes un autre fait curieux, c'est que, au lieu de voir les objets tels qu'ils sont, on voit des couleurs.

Et, si la lumière qu'ils envoient vient frapper d'autres corps, on voit sur la surface de ceux-ci s'étaler une image ayant des couleurs diverses, que ne possède pas l'objet, et d'autant plus vives que le premier objet est plus éclairé et plus lumineux.

Cela est expliqué par ce fait naturel que les molécules d'un corps lumineux ou éclairé sont en mouvement vibratoire, mais que ce mouvement n'a pas la même rapidité pour chacune des molécules de ce corps. Et les rayons de lumière qu'envoient les corps lumineux sont forcément de plusieurs sortes ; ils n'ont pas tous la même rapidité de vibration, chaque espèce de rayon est caractérisée par un mode de vibration particulier, donnant sur l'œil l'impression d'une couleur différente.

[1] Ce plan étant figuré par la surface du papier.

L'*ensemble* des rayons qui superposent leur mouvement lumineux sur les yeux donne la *teinte* sous laquelle on aperçoit les corps.

Plus la lumière émanée d'un objet éclairé ou lumineux contient de sortes de vibrations ou de couleurs différentes, plus cet objet paraît blanc, c'est-à-dire sans teinte.

Les objets les plus blancs sont donc ceux qui absorbent le moins de lumière et renvoient par diffusion toutes les sortes de rayons, comme le papier blanc ou un mur couvert d'une couleur blanche.

Les objets noirs les absorbent au contraire tous comme l'encre noire sur le papier ou les couleurs noires.

La lumière parfaitement blanche contient donc toutes les vibrations capables de donner toutes les couleurs simples possibles.

Pour bien étudier les phénomènes lumineux, on s'arrange de manière à observer un rayon de lumière aussi fin que possible ou une bande lumineuse très mince.

Pour cela on place la lumière que l'on veut étudier derrière un trou ou une fente mince, disposée convenablement dans la paroi d'un appareil spécial où, de cette façon, est l'objet éclairant, et on ferme les fenêtres de la chambre où on opère, afin d'être dans la plus grande obscurité.

On n'a plus alors d'autre lumière que celle des rayons qui passent à travers le trou et forment un faisceau rectiligne qui va dessiner un point ou un trait sur le mur opposé ou sur un écran que l'on place sur son passage.

Si on dispose un prisme sur le trajet de cete traînée

lumineuse, au lieu de voir sur le mur un point brillant ou une ligne, images du trou ou de la fente, et de la même couleur que la flamme qui l'a produite, on voit pour le trou une bande allongée et pour la fente un épanouissement de la bande, tous deux colorés.

C'est que chacun des mouvements lumineux contenus dans le faisceau s'est trouvé dévié d'une certaine façon par le prisme ; il s'est donc mis, en se propageant, à suivre, après réfraction, une ligne droite différente de celle suivie par les autres et trouvé séparé de ceux qui l'accompagnaient, au lieu de suivre la même route ; cela fait qu'il est venu faire une image en un point un peu différent, ce qui donne un ensemble qui s'étale, épanoui sur l'œil ou un tableau, chaque rayon donnant une image ayant *la couleur correspondant aux vibrations dont il est animé.*

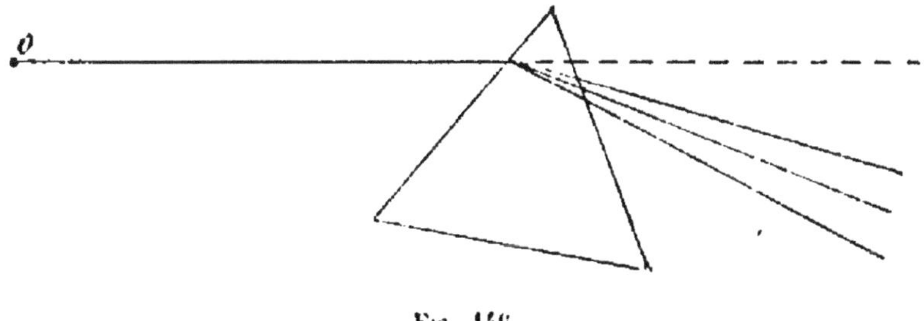

FIG. 146

Quelque petite que soit l'ouverture qui laisse passer la lumière, il est impossible d'isoler un rayon simple, c'est-à-dire ne contenant qu'une seule sorte de mouvement vibratoire [1] ; on a toujours une réunion de rayons simples formant faisceau et donnant une image colo-

[1] Il faudrait pour cela pouvoir isoler une molécule vibrante.

rée, comme le montre la figure 146, où le triangle représente le plan du prisme contenant les rayons réfractés émanés de celui envoyé par un point lumineux O.

Ces images sont appelées des *spectres lumineux*.

Pour chacun des rayons incidents, à chaque angle d'incidence correspond un angle de réfraction.

On nomme *indice de réfraction* la relation qui existe entre la grandeur de l'angle d'incidence et celle de l'angle de réfraction d'un même rayon.

Les substances peuvent donc être aussi reconnues à leur indice de réfraction, lorsqu'elles sont réfringeantes ;

Et on peut les caractériser par leur degré de réfringeance comme par leurs propriétés dans les combinaisons et les phénomènes électriques et magnétiques que l'on peut développer sur elles.

Interférences et diffraction. — Si on place une source lumineuse derrière un écran, percé d'une fente très mince, cette fente laissera passer un faisceau de lumière, lequel donnera, sur un mur ou un autre écran placé sur son chemin, une image de la fente sous la forme d'un trait brillant.

On pourra dédoubler le faisceau lumineux en le recevant par exemple sur deux miroirs voisins inclinés différemment qui renverront ses rayons chacun dans une direction, ou bien sur deux prismes qui les réfracteront également dans deux sens et pourront former deux images.

Venant d'une même source lumineuse, *les rayons sont dans un état vibratoire semblable*, c'est-à-dire qu'après une même longueur de chemin parcourue le sens de la vibration imprimée aux molécules de l'éther se trouve toujours le même dans chacun des rayons composant les deux faisceaux. Et l'on dit que les rayons sont en concordance de vibration.

Avec les appareils spéciaux à l'aide desquels on produit le phénomène que je vais indiquer, on s'arrange de telle sorte que les deux faisceaux nouveaux, formés par les miroirs ou les prismes, se superposent pendant leur trajet (voir notes 1, 2, 3, pages 189, 190).

Si on reçoit sur un mur ou un écran les rayons confondus de nouveau sur une partie du chemin qu'ils parcourent, l'image ne sera plus une bande brillante, un simple trait. On verra un phénomène nouveau :

L'image de la fente primitive sera composée d'abord d'une *ligne brillante centrale* accompagnée à droite et à gauche de bandes alternativement *obscures et brillantes*, symétriquement placées par rapport à la bande centrale, et cela dans toute l'*étendue de l'épanouissement des faisceaux où leurs rayons sont superposés*. On dit que les deux faisceaux *interfèrent* et on nomme ce beau phénomène le *phénomène des interférences* [1].

On peut remarquer que les miroirs font, ainsi que les prismes, absolument comme si les images étaient données par des faisceaux venant de deux fentes *qu'il faut rendre infiniment voisines* pour que le phénomène apparaisse.

Voici comment on explique le phénomène :

Pour simplifier, voyons ce qui se passe dans un plan

[1] Les bandes brillantes présentent dans le même ordre les belles couleurs de l'arc-en-ciel.

perpendiculaire à la fente supposée verticale, c'est-à-dire dans un plan horizontal que représente le papier (fig. 150, page 190).

Puisque les deux faisceaux de lumière interférents sont comme s'ils émanaient de deux fentes voisines A et B, considérons dans chacun d'eux un rayon arrivant sur l'écran sur la bande centrale, qui se trouve placée normalement à la ligne qui joindrait A et B. Chacun de ces rayons a parcouru le même chemin, tous deux vibrent donc de la même façon, c'est-à-dire que, dans chacune de leurs vibrations complètes le sens du mou-

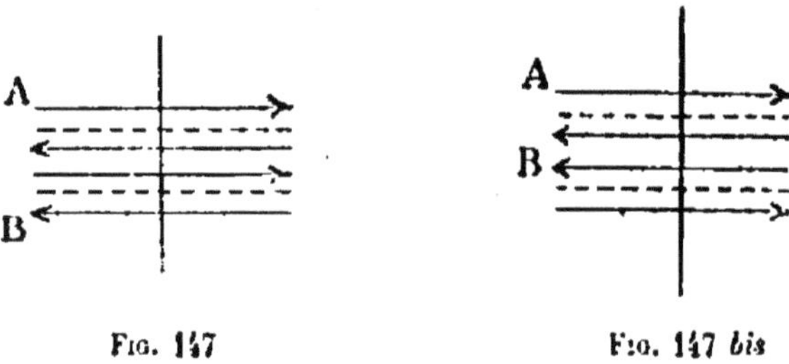

Fig. 147 Fig. 147 *bis*

vement aller et retour est le même au même instant, comme le représentent les flèches. Ils communiquent leur mouvement aux molécules du corps qu'ils atteignent, celui-ci devient lumineux aux points rencontrés et donne une image d'autant plus brillante que les intensités lumineuses se sont *ajoutées*.

Mais deux rayons étant partis des mêmes points A et B et arrivant *au même instant* au point *b* voisin de *a*, le premier A aura parcouru un chemin plus court que B ; celui-ci sera donc parti avant le rayon venant de A ; et, si la différence de temps des instants de départ est telle que pendant cet intervalle le rayon B ait accompli une demi-vibration de plus que le rayon venant de A, lorsqu'ils arriveront pour mettre en mouvement la surface qu'ils rencontrent, le sens de leur mouvement sera complètement différent, comme l'indiquent les flèches, le point *b* sera poussé avec des forces égales dans deux sens opposés, l'action d'un rayon annulera donc celle de l'autre, *lui fera équilibre*, comme on dit ; et le point *b* ne pourra pas bouger ; il ne vibrera pas, il n'y aura alors pas de lumière en ce point, pas d'image, et un trait noir sera donc forcément à côté du premier trait lumineux (*a*).

En un point *c* situé à côté de *b*, où la différence des chemins parcourus par deux rayons venus de A et de B est telle que celui venant de B ait eu le temps d'accomplir une vibration entière (aller et retour) de plus que le rayon venu de A, les vibrations se retrouveront *être de même sens* dans ces deux rayons lorsqu'ils arriveront au point *c*, et ce point *c* sera mis en mouvement par deux actions de même sens qui lui donneront chacune un mouvement semblable.

1° Tranche horizontale d'un faisceau de lumière venant

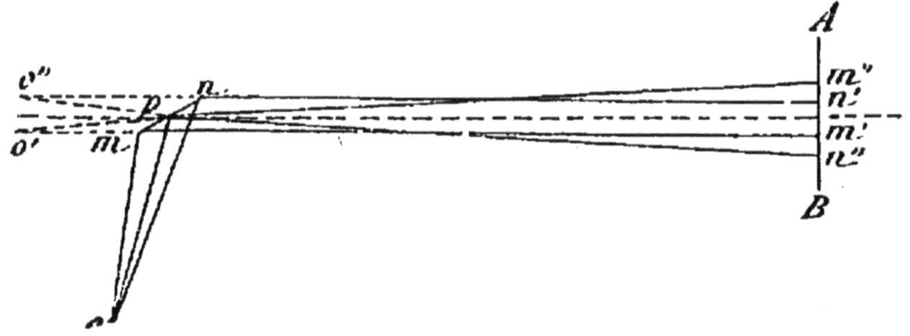

Fig. 148

d'un point O et arrivant sur deux miroirs *m*P et P*n* très peu inclinés l'un sur l'autre. Cette tranche réfléchie sur ces miroirs donne dans le même plan horizontal deux faisceaux : l'un $mPm'm''$ réfléchi par mP, et l'autre $Pnn'n''$ réfléchi par Pn, que l'on peut recevoir sur un écran AB ;

2° Tranche horizontale d'un faisceau de lumière venant d'un point O et reçue sur deux prismes Pqn, Pqm. Elle est réfractée par chacun des prismes et forme dans le même plan horizontal deux faisceaux : l'un $nqn'q'$, réfracté par Pqn, et l'autre $mqm'q''$ réfracté par Pqm, que l'on peut recevoir sur un écran AB ;

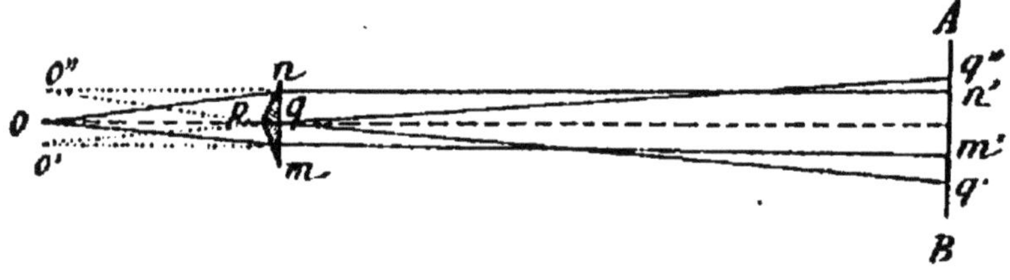

Fig. 149

3° Dans ces deux cas, les faisceaux peuvent être considérés comme partis de deux points très voisins O'O'' et se confondent sur une partie de leur trajet, comme l'indique la portion teintée du dessin.

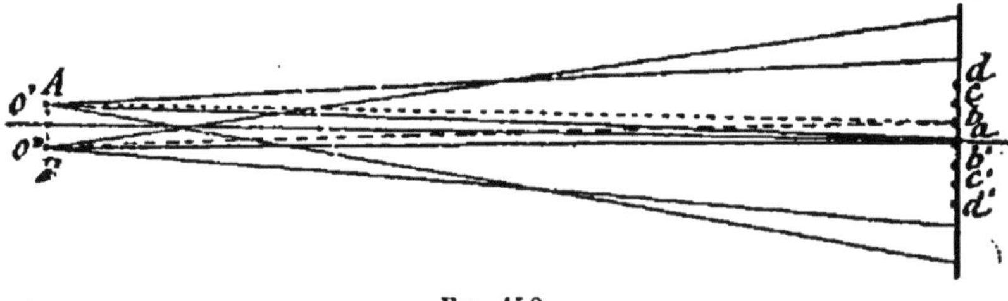

Fig. 150

Il y aura donc en c de la lumière comme en a.

En un point d, la différence des chemins parcourus

par les mouvements lumineux qui y arrivent en même temps de A et de B sera telle que dans le rayon venu de B le mouvement soit en avance d'une demi-vibration sur celui venu de A ; alors, comme en *b* et pour la même raison, il n'y aura pas de lumière produite.

Il se présentera donc ainsi une succession horizontale de points alternativement éclairés et obscurs.

Et enfin il en sera de même de l'autre côté de (*a*) en des points *b'*, *c'*, *d'*, etc., placés aux mêmes distances de *a* que les points *b*, *c*, *d*, etc.

Une bande verticale peut être considérée comme constituée par une infinité de lignes horizontales.

Alors, pour toutes les petites lignes horizontales dont est composée chacune des fines fentes et qui produiraient le phénomène, il se passe ce que je viens de dire pour le plan considéré et au même instant.

L'image doit donc bien être, comme le montrent les expériences, formée par une succession de bandes verticales brillantes et obscures.

On a donc pu dire que de la lumière ajoutée à de la lumière produit *de la lumière ou de l'obscurité*, suivant les cas ; car de la lumière s'ajoute en effet à de la lumière aux points où les vibrations qui y arrivent sont en concordance ; mais ces lumières se détruisent là où elles ne le sont pas.

On obtient encore des phénomènes d'interférence lorsque des rayons, les uns réfléchis, les autres réfractés, émanant d'une même source, arrivent aux mêmes points, parce qu'il y a également des endroits où les rayons ne sont pas en concordance de vibration.

Les rayons lumineux donnent aux yeux la sensation

de diverses couleurs correspondant chacune à la rapidité du mouvement qui existe dans ces rayons.

Et les rayons réfractés depuis le rouge jusqu'au violet ne concordent pas aux mêmes points; les rouges concorderont en un point, les jaunes à côté, etc. Alors les bandes lumineuses ou les *anneaux colorés*, que l'on produit en faisant interférer des faisceaux de lumière, seront, comme on le voit, de petits spectres lumineux.

Si on place devant une lumière un fil ou une tige très fine portant ombre sur un écran, cette ombre semble devoir être une ligne sombre, mais cela n'est pas. En réalité, on voit d'abord, à la place exacte où l'ombre devrait être portée, une ligne brillante, puis, symétriquement placées à droite et à gauche, des bandes alternativement obscures et brillantes.

Cela tient à ce que des rayons interfèrent comme dans les expériences précédentes.

Les ombres, même données par des objets dont les bords sont bien réguliers, n'offrent pas une ligne de séparation nette avec la partie éclairée des surfaces sur lesquelles l'ombre est portée.

Un point lumineux L envoie de la lumière dans l'espace; si, en un endroit, on place un écran AB, considérons, dans un sens vertical, ce qui se passe [1].

D'abord le point A du bord de l'écran éclairé par un rayon LA enverra à son tour des ondes lumineuses dans l'espace et, par suite, dans la partie ABCM qui n'en reçoit pas directement du point L.

[1] Le rayon LAC rasant le bord A de l'écran devrait limiter la partie éclairée de celle qui ne l'est pas, puisque, au-dessous de cette direction, il ne pénètre pas de rayon venant directement du point éclairant L.

Une surface quelconque, par exemple un écran MN, pourra donc recevoir à partir de C un peu de lumière émise par le point A et qui s'étendra un peu au-dessous du point C en s'affaiblissant.

Ensuite le point L envoie de la lumière au point D par exemple, mais ce point D en reçoit également du point A. Si les vibrations sont en concordance, il y a lumière. A côté, en D', les vibrations des deux rayons

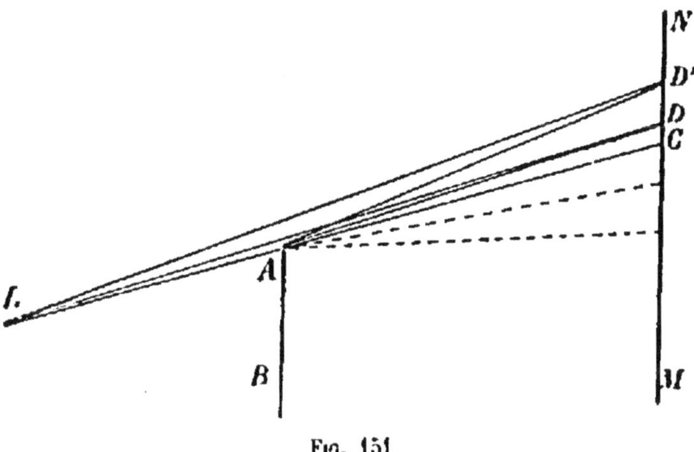

Fig. 151

venus de L et de A ne seront plus en concordance ; il n'y aura pas de lumière. Donc on verra au-dessus de C des bandes d'interférence sur l'écran et au-dessous un peu de lumière, avant l'ombre complète.

Spectres lumineux. Analyse spectrale. — Lorsque l'on étudie avec le prisme la lumière du soleil, elle donne toutes les teintes, depuis le rouge jusqu'au violet, en passant par les teintes de l'orangé, du jaune, du vert, du bleu et de l'indigo. On a ainsi ce que l'on nomme le spectre solaire ; c'est un spectre complet.

Lorsque l'on se sert de prismes faits avec des substances déviant beaucoup les rayons et que, en faisant passer successivement la lumière à travers plusieurs de ces prismes, on écarte beaucoup ces rayons, on a de beaux spectres et on remarque qu'ils sont sillonnés de lignes fines entièrement obscures.

Cela tient à l'effet de l'atmosphère solaire.

Les corps à l'état *solide* ou *liquide*, lorsqu'ils sont échauffés, émettent de la chaleur à leur tour ; ils commencent par émettre les rayons les moins *réfrangibles*, qui sont formés par les *vibrations les moins rapides*.

Et puis, lorsque la température des corps est arrivée au-dessus de 500 degrés, ils commencent à envoyer des rayons lumineux rouges, puis successivement tous les autres à mesure que la température s'élève.

A un moment donné, le prisme montre un spectre complet quand on le fait traverser par la lumière envoyée par ces corps ainsi échauffés, et ce spectre est continu, c'est-à-dire qu'il n'est pas sillonné de lignes noires, comme celui du soleil.

Mais les gaz et les corps solides lorsqu'ils sont réduits en vapeur, portés aux plus hautes températures, n'émettent que certaines couleurs, c'est-à-dire que leurs molécules ne sont animées que de certains mouvements. On le reconnaît à ce que leur spectre est tout différent des précédents ; ils offrent des bandes éclairées séparées par des espaces, moins lumineux ou parfaitement noirs.

Ils sont formés d'un fond peu apparent sur lequel on voit des traits fort étroits et très brillants, que l'on distingue lorsque l'on obtient des spectres avec des instruments déviant beaucoup les rayons lumineux et calorifiques de leur direction d'incidence.

On a vu que, quand la lumière ou la chaleur traversent des vapeurs ou des gaz, ils éteignent les rayons qu'ils sont capables d'émettre lorsqu'ils sont échauffés. Ils les absorbent, par conséquent ne les transmettent pas et, à leur place, on voit des traits noirs dans le spectre.

Or le soleil montre un nombre infini de raies noires dans son spectre; on a conclu de ce fait qu'il doit être constitué par un noyau incandescent qui donnerait un spectre continu. Mais autour de ce noyau doit se trouver une atmosphère gazeuse moins chaude, absorbant des rayons envoyés par le noyau. Ces rayons absorbés doivent évidemment être ceux que les corps qui composent l'atmosphère solaire pourraient émettre et qui laissent, à la place qu'ils devraient éclairer dans le spectre, des lignes non éclairées, c'est-à-dire noires.

Quelle que soit la lumière qui donne un spectre, dans toutes les images, les couleurs sont placées dans le même ordre, le rouge étant le moins dévié, le violet l'étant le plus.

D'après ce que l'on sait sur le rapport qui lie les angles d'incidence et de réfraction, il est aussi évident qu'un même prisme déviera de la même quantité chaque rayon composant un faisceau de lumière de quelque substance qu'il émane.

Et chaque corps à l'état de gaz ou de vapeur donnera un spectre particulier, mais en ce sens seulement que les vibrations que ne donne pas sa lumière, manquant dans l'image, leurs places seront indiquées par des lignes obscures.

Ces lignes sont, pour une même substance et un même prisme, disposées de la même manière, comme les bandes brillantes dont elles représentent la place dans un spectre complet.

Ce fait important et bien naturel donne un moyen de comparer les spectres à celui du soleil et entre eux et de reconnaître les substances qui sont dans les flammes.

En faisant passer la lumière solaire et celle de substances réduites en vapeur dans des appareils disposés de telle sorte que, par les prismes, chaque rayon soit dévié de la même quantité dans les deux spectres et que ceux-ci soient placés exactement l'un au-dessus de l'autre, on a pu facilement les comparer l'un à l'autre et on a reconnu que les raies brillantes de certaines substances confondaient exactement leur place avec celles de certaines raies noires du spectre solaire.

On a conclu de ce fait que ces mêmes substances existent à l'état de vapeur dans l'atmosphère solaire et par conséquent font partie des matières qui constituent cet astre.

Cette grande découverte a permis de se servir de ce que l'on nomme l'*analyse spectrale*, à l'aide de laquelle on a depuis trouvé de nouveaux corps en voyant des flammes donner des spectres encore inconnus.

On a pu, après avoir ainsi constaté la présence d'une matière que l'on ne connaissait pas, dans la substance étudiée, en séparer cette matière par décomposition, constater ses propriétés, comme il est arrivé pour le gallium, métal nouveau découvert en 1875.

De plus, c'est en examinant par le prisme la lumière

du soleil et des autres astres que l'on a pu savoir les matières qui y sont.

L'analyse spectrale a donc été d'un grand secours dans les recherches scientifiques.

L'image lumineuse d'une fente éclairée ayant été réfractée commence au rouge et finit au violet en s'éloignant insensiblement si la lumière contient tous les rayons.

Mais, si on place un thermomètre sensible en avant du rouge, on voit qu'il indique de ce côté encore de la chaleur : la température indiquée par le thermomètre s'élève bientôt.

Il y a donc là des vibrations envoyées par le corps lumineux ; ces rayons moins déviés que les autres ne se voient pas, ne donnant pas de lumière, l'accélération de leurs vibrations n'étant pas assez grande pour impressionner les yeux.

Mais ces rayons obscurs se sentent d'une autre manière ; ils donnent de la chaleur et sont appelés rayons calorifiques.

Et c'est dans cette partie obscure que le thermomètre indique les plus hautes températures.

Impressions photographiques. — Lorsque l'on met au-delà du violet des écrans sur lesquels on a déposé certaines substances qui se décomposent sous l'influence de la lumière en prenant une teinte foncée, on voit ce phénomène s'accomplir.

Le spectre, lorsqu'il est complet, comme celui du soleil, s'étend donc encore au-delà des parties visibles, et les vibrations les plus réfractées, celles qui sont le plus rapides, se révèlent par une action sur certains corps.

Cette action est dite *chimique* ou *actinique*, et c'est dans la partie située dans le violet et au delà qu'elle est le plus intense.

Cela prouve que, lorsque le mouvement lumineux arrive sur certains corps, il produit en les frappant une action plus complète que de mettre simplement leurs molécules en mouvement vibratoire et de leur permettre de renvoyer ce mouvement dans l'espace par l'éther, en le réfléchissant ou le diffusant. Il produit toujours un mouvement, mais il en résulte un travail de réaction chimique qui détermine la séparation des molécules élémentaires des corps sur lesquels agissent les rayons lumineux et permet la formation de nouveaux composés avec ces éléments dissociés d'abord, l'influence lumineuse se continuant.

C'est la propriété de ces rayons chimiques d'agir pour décomposer rapidement certaines substances qui a permis de créer l'art de la photographie, dont le nom vient des mots choisis dans la langue grecque *phos* (lumière), *graphô* (j'écris).

Certaines flammes donnent peu de rayons calorifiques et lumineux et beaucoup de rayons chimiques.

Phosphorescence. — Lorsque la lumière ou la chaleur frappent un objet, une partie de cette lumière ou de cette chaleur incidente pénètre le corps et le traverse en plus ou moins grande quantité, suivant le degré de transparence de la substance qui compose l'objet et s'y réfracte, c'est-à-dire change de direction.

Une autre partie est réfléchie sur la surface et suit une nouvelle direction déterminée, ou bien elle se diffuse dans tous les sens, suivant le degré de poli que possède la surface frappée. Et alors la réflexion semble cesser dès que les corps ne sont plus frappés par la lumière, c'est-à-dire rentrent dans l'obscurité.

Mais, en réalité, la diffusion ne cesse pas de suite, ce qui fait que les corps émettent encore de la lumière lorsque, après leur exposition à des rayons envoyés par un corps lumineux, aucun rayon ne vient plus faire vibrer leurs molécules.

Cela se comprend en se rendant compte de ce que de la lumière est absorbée par les substances qui gardent ainsi une partie du mouvement qui leur est communiqué par les rayons auxquels elles sont exposées. Puis ensuite elles abandonnent plus ou moins rapidement ce mouvement, qui se répand dans l'espace.

Ces faits donnent lieu aux phénomènes de *phosphorescence* que l'on peut observer sur le diamant par exemple, qui reste encore assez brillant pour être visible aux yeux lorsqu'on se place dans l'obscurité.

Lorsque le temps pendant lequel les objets renvoient la lumière est trop court pour pouvoir être apprécié par l'œil, on dirait que la substance dont ils sont composés ne possède pas la propriété d'être phosphorescente. Cependant ils renvoient également la lumière après y avoir été exposés, car, avec des instruments spéciaux, on est parvenu à révéler à l'œil la lumière qu'ils émettent dans l'obscurité, le temps de cette émission durât-il seulement une fraction inappréciable de seconde après l'extinction des rayons qui ont éclairé le corps.

Cette phosphorescence, quelque faible qu'elle soit, existe donc ; on lui donne alors le nom de *fluorescence*.

Et on peut dire : la nature n'a donc pas de limites, dans la petitesse du temps que les atomes mettent à exécuter un mouvement et, par suite, à produire les phénomènes qui en sont la conséquence, de même qu'elle n'a pas de limite dans l'exiguité des dimensions de l'atome.

Pour bien voir la phosphorescence, il faut exposer les corps qui la possèdent à une lumière vive, celle du soleil, de l'électricité, par exemple, puis se placer immédiatement dans l'obscurité la plus complète.

On a eu l'idée d'enduire des objets de matière très phosphorescente, ce qui permet de les voir dans l'obscurité, ainsi des cadrans de montre, etc.

3° Réflexion et réfraction dans l'atmosphère

Les phénomènes de réflexion, de réfraction et leurs conséquences donnent naissance à tous les effets de lumière que l'on voit dans l'atmosphère.

Ainsi, les arcs-en-ciel, les beaux jeux de la lumière du soleil traversant les nuages et les vapeurs ou se réfléchissant sur elles et leur donnant des teintes si diverses, variant si rapidement parfois par suite de l'absorption de certains rayons.

La lumière solaire rencontre aussi des poussières d'une finesse infinie et d'une légèreté telles qu'elles sont entraînées et restent suspendues dans l'air jusque dans les régions les plus élevées de l'atmosphère.

« Parmi ces poussières, il en est qui viennent des volcans en éruption. »

C'est là la cause de ces lueurs, de ces illuminations si belles que l'on peut voir au lever et au coucher du soleil et qui autrefois imposaient tant par la splendeur qu'elles peuvent acquérir.

On admire toujours ces phénomènes, mais on les étudie en même temps avec soin, pour en tirer des conséquences qui augmentent chaque jour les connaissances humaines sur la nature et détruisent les erreurs.

L'air pur est un gaz sans couleur, cependant nous voyons, par un ciel sans nuages, le fond de l'atmosphère bleu, d'un bleu clair ou foncé ; cela tient aux mêmes causes que les phénomènes lumineux indiqués plus haut.

III

COMMENT LES CORPS SE MEUVENT

1° Inertie de la matière et cause du mouvement

Inertie de la matière. — Quoique la matière possède le mouvement vibratoire qui anime chacune de ses molécules, elle ne peut mettre en mouvement d'elle-même l'*ensemble* de molécules vibrantes formant un corps végétal ou minéral. C'est-à-dire qu'un corps ne peut changer de place sans qu'on le transporte d'un lieu à un autre ou sans qu'on le pousse vers un point.

Il faut donc pour mettre la matière en mouvement :

Ou utiliser la faculté qu'ont les animaux de se mouvoir, de produire des efforts ;

Ou bien se servir de la propriété des gaz qui leur permet de se détendre.

Ainsi, par exemple, on fait arriver la vapeur, qui est produite dans une chaudière, dans un cylindre ; là elle fera mouvoir un piston en pressant sur lui, et le mouvement de ce piston se communiquant à l'aide d'une bielle et d'une manivelle pourra agir sur des roues, celles d'une locomotive, d'un bateau à vapeur, qui tourneront.

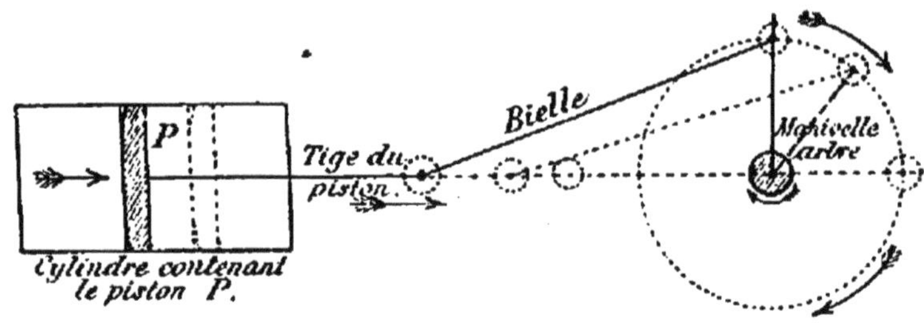

Fig. 152

On fera tourner d'une manière semblable l'hélice d'un navire.

L'arrivée de la vapeur sur les faces du piston ou des pistons des machines est réglée de telle sorte qu'ils soient animés d'un mouvement alternatif de va-et-vient qui donne un mouvement de rotation à des roues et aussi à des tiges nommées *arbres*, auxquelles on adapte tous les *outils* destinés à la fabrication de beaucoup d'objets.

On utilisera encore la force du vent qui, pressant sur les voiles d'un bateau, le mettra en mouvement ou poussera les ailes d'un moulin qui tourneront.

Enfin on fera mouvoir un objet en lui donnant *soit une poussée*, par exemple pour lancer un corps quelconque, une pierre, une pelletée de terre, *soit un choc*.

On a donné le nom de *force* à une cause, quelle qu'elle soit, qui met un corps en mouvement ou modifie celui qu'il possédait déjà sous l'influence d'une première force.

Plus l'effort produit par une force est grand, plus

l'espace franchi *pendant le même instant* par l'objet mis en mouvement est grand et la *vitesse* d'un corps qui se meut est l'*espace parcouru par ce corps pendant l'unité de temps choisie*, c'est-à-dire la seconde, la minute ou l'heure, etc. Si la vitesse n'est pas la même pendant tout le trajet, on considère forcément les vitesses à différents instants, c'est-à-dire celles que le corps possède à ces mêmes instants.

Un corps, une fois mis en mouvement par une force ne peut modifier le mouvement qui lui a été imprimé, ou s'arrêter de lui-même ; il faut pour cela l'action d'une nouvelle force.

Ainsi un frottement est nécessaire pour ralentir peu à peu la vitesse de son mouvement.

Et un objet fixe rencontré sur son chemin par le corps et lui faisant obstacle l'empêchera seul d'aller plus loin.

Aussi une balle lancée par la main continue la course que lui a imprimée la poussée de la main, lorsque celle-ci l'abandonne. Et, s'il n'y avait de frottement ni contre l'air, ni contre d'autres obstacles, un corps quelconque une fois mis en mouvement ne s'arrêterait jamais et marcherait avec la vitesse que lui a donnée la force et que l'on désigne sous le nom de *vitesse acquise*.

Cette propriété de la matière de ne pouvoir se mouvoir ou s'arrêter d'elle-même est ce que l'on nomme l'*inertie* de la matière.

Afin de pouvoir mieux se rendre compte des lois auxquelles sont soumis les corps mis en mouvement, on considère ces objets comme si toute la matière qui les compose *était réunie en un point* que l'on nomme le *centre de gravité*.

La *trajectoire* d'un corps qui se déplace est le chemin que suit le centre de gravité de ce corps.

Ce chemin est une ligne droite, alors il est dit *rectiligne ;* ou c'est une ligne courbe, alors il est dit *curviligne.* Par exemple, lorsqu'une roue tourne, un point quelconque de sa circonférence suit une trajectoire curviligne.

Comparaison des forces qui mettent les corps en mouvement. — Pour comparer et mesurer les forces, on les fait agir sur des ressorts et on assimile leur action à celle d'un corps qui produirait le même effet qu'elles sur ces ressorts en les tendant de la même quantité par leur poids seul.

On peut alors exprimer la puissance des forces en kilos.

Ainsi un cheval par exemple, exerçant une traction sur un de ces ressorts, que l'on appelle *dynamomètres* et le tendant de la même quantité que le ferait un poids d'un *certain nombre* de kilos, on exprimera l'effort que fait l'animal en disant qu'il a une force de ce *même nombre* de kilogrammes.

On prend pour unité de poids le gramme, qui est le poids d'un centimètre cube d'eau rendue pure par la distillation et prise à la température de 4 degrés, parce que c'est à cette température que l'eau est le plus *dense*, c'est-à-dire a *un plus grand poids pour le même volume.*

Manière dont les corps en mouvement transmettent et perdent leur vitesse. — La direction d'une force est celle du mouvement qu'elle donne à un corps sur lequel elle agit librement.

En résumé, un objet quelconque ne se meut que sous l'action d'un effort ou d'un choc.

Et, lorsqu'il possède de cette manière une *vitesse acquise*, son mouvement ne peut se modifier dans sa direction ou sa vitesse, à moins qu'un nouvel effort ou nouveau choc ne vienne ajouter à la première force que l'on nomme une *force motrice* une ou plusieurs causes de mouvement *dans le même sens* ou *dans des sens différents*.

Dans ce dernier cas de forces dirigées dans des sens différents de celui de la force motrice, elles peuvent avoir une direction opposée à celle du premier mouvement, de telle sorte qu'elles *diminuent sa vitesse* ou même peuvent lui faire changer de direction ou bien l'arrêter suivant leur degré de puissance. De telle forces sont appelées *forces retardatrices*.

Toutes les fois qu'un corps en mouvement rencontre sur son chemin un autre corps, il communique sa vitesse à ce dernier tout entière ou en partie, suivant que celui-ci offre une résistance plus ou moins considérable au déplacement.

S'il cède toute sa vitesse, il s'arrête ; sinon, il continue son chemin avec une vitesse moins grande, tandis que l'autre corps se met aussi en marche ayant acquis toute la force d'impulsion perdue par le premier et *juste* égale à celle qu'il lui faut pour se mettre lui-même en mouvement.

Lorsque deux surfaces glissent l'une sur l'autre, qu'elles marchent dans le même sens ou dans des sens différents, celle dont le mouvement est le plus rapide éprouve une résistance de la part de l'autre.

Elle lui cède de sa vitesse en tendant à accélérer ou retarder la sienne, suivant le sens des mouvements, jusqu'à ce qu'il y ait égalité dans la vitesse ou arrêt, si la cause qui met la surface dont l'action a entraîné l'autre ne vient à chaque instant lui rendre la vitesse qu'elle perd en agissant sur cette dernière.

De tous ces faits, qui sont le résultat de l'inertie de la matière, il résulte que l'on ne peut créer sur la terre *un mouvement perpétuel.*

Car il existe des frottements entre toutes les pièces en mouvement des machines ou des appareils quels qu'ils soient, que les surfaces en contact soient solides, liquides ou gazeuses.

Ces frottements donnent naissance à des résistances, lesquelles tendent à ralentir la vitesse, si un nouvel effort de la cause du mouvement ne vient rendre à chaque instant *la vitesse perdue pour vaincre les résistances.*

De plus, les frottements produisent des usures qui nécessitent la réparation et le remplacement des pièces détériorées.

On utilise cependant la résistance dans la construction des machines, pour régulariser le mouvement, c'est-à-dire obtenir que la vitesse soit la même à chaque instant ou, comme l'on dit, que le mouvement soit *uniforme* et éviter les à-coups dans la marche.

Lorsqu'un train de chemin de fer se met en marche, chaque fois que la vapeur entre dans le cylindre, elle agit sur le piston qui met les roues en mouvement et chaque fois les roues acquièrent *une nouvelle vitesse qui s'ajoute à la première;* la marche du train va donc en s'accélérant. Mais elle acquiert une rapidité qu'elle ne peut dépasser, parce que toutes les résistances s'ajoutent au poids du train :

1° Résistance de l'air ;

2° Effort sur les rails où les roues prennent un point d'appui pour tourner ;

3° Frottements et chocs contre ces rails et de toutes les parties du train entre elles.

A un moment, les résistances sont devenues égales à l'effort de la vapeur et celle-ci ne fait plus que les vaincre ; le train marche sous l'action d'une *vitesse caquise* et son mouvement *devient uniforme.*

2° Élasticité

Lorsque l'on presse un corps ou qu'il est soumis à un effort quelconque, ou bien enfin qu'il reçoit un choc, outre le mouvement qui peut résulter de l'action de la force qui agit sur lui, plusieurs phénomènes se passent.

D'abord, les molécules se déplacent.

Ainsi, quand une bille frappe une surface solide, les molécules des deux substances sont refoulées à l'instant du choc et les corps se dépriment aux endroits frappés. Puis les molécules reprennent leur position première dès que l'action cesse.

Et cela explique ce que l'on nomme l'*élasticité* des corps.

C'est ce qui fait qu'une branche ployée légèrement redeviendra droite lorsqu'on la laissera libre, qu'une bille et la surface qui aura reçu son choc ne resteront pas déformées.

Dans les liquides, les molécules glissant facilement les unes sur les autres reviennent à leur position aussitôt qu'elles sont déplacées.

Les gaz comprimés se détendent immédiatement aussitôt que l'effort cesse.

Aussi on les nomme *fluides élastiques.*

Mais tous les corps n'ont pas le même degré d'élasticité et il y en a qui restent déformés, une fois qu'ils ont cédé à l'effort, par exemple une barre de plomb que l'on aura courbée.

Enfin, toutes les fois que l'effort subi par le corps arrive à dépasser la puissance de l'attraction qui retient les molécules unies, le corps se brise.

3° Le Son

Tout en restant parfaitement liées les unes aux autres dans leur mouvement moléculaire, les molécules des corps solides peuvent être animées de mouvements ondulatoires, semblables à ceux d'un liquide agité à l'un de ces points.

Cela arrive lorsque l'on frappe un objet. Les parties dérangées reprennent peu à peu leur position primitive et communiquent le mouvement vibratoire qui leur a été imprimé par le choc sous forme d'ondulations.

On obtient un semblable résultat en faisant agir un archet sur le bord d'une plaque fixée.

Il est facile de rendre le phénomène sensible aux yeux en répandant un peu d'une poudre quelconque sur la plaque.

Cette poudre agitée par le mouvement de la plaque se réunit dans les sillons formés par les ondulations et *qui sont des points en repos*.

On a sous les yeux des dessins plus ou moins simples ou compliqués, mais réguliers, suivant le point sur lequel on a agi.

On dit que le corps vibre.

On fait vibrer une corde tendue en l'écartant en un point O de sa position.

Le mouvement d'aller et de retour des parties des corps, dérangées ainsi de leur position d'équilibre et tendant à y revenir après ces oscillations, se commu-

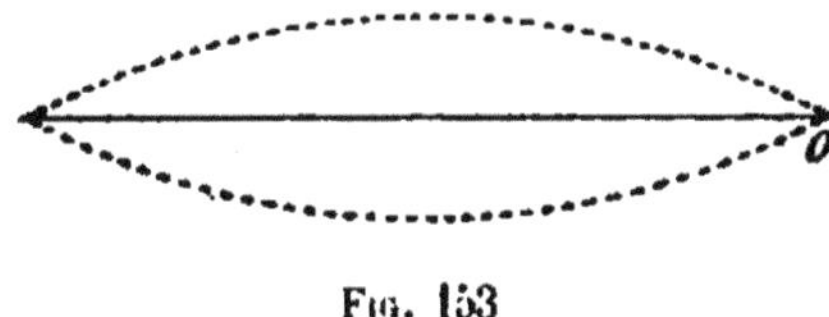

Fig. 153

nique aux corps voisins et à l'air. Il arrive jusqu'à l'oreille et, lorsque les vibrations ont une certaine rapidité, l'oreille est impressionnée d'une certaine

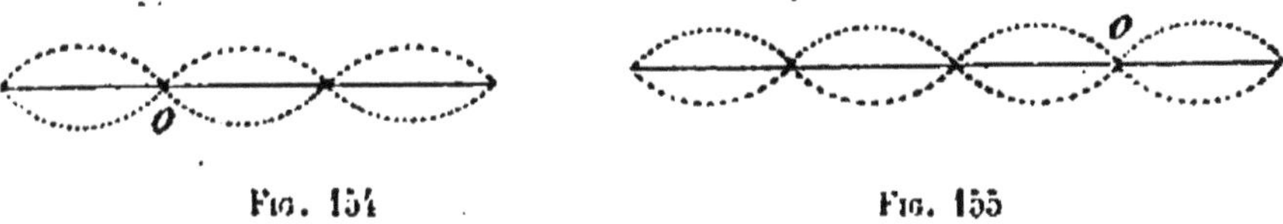

Fig. 154 Fig. 155

façon par ce que l'on appelle *un son* ou *un bruit. On dit que le corps résonne.*

On produira encore un son toutes les fois que l'on donnera à l'air un mouvement vibratoire assez rapide en agitant un corps.

L'oreille peut commencer à entendre lorsque les vibrations ont une rapidité telle que les parties en mouvement exécutent trente-deux fois l'aller et le retour en une seconde.

Les sons qui résultent de ces mouvements sont les plus graves.

Lorsque les vibrations sont plus rapides, *le son monte*, selon l'expression des musiciens, et devient de plus en plus aigu, jusqu'à ceux produits par 5,000 vibrations à la seconde, les plus hauts que l'oreille la plus délicate puisse percevoir.

Parmi les sons, les uns sont agréables, les autres désagréables à l'oreille.

Les premiers sont ceux dont la réunion constitue la musique; chacun d'eux forme une note musicale dont le nombre de vibrations particulier est bien connu.

Quand plusieurs notes se font entendre ensemble, on a ce que l'on nomme des accords, qui sont *dissonnants* ou *consonnants*, suivant qu'ils choquent l'oreille ou lui sont agréables.

Les seuls sons musicaux sont ceux qui vibrent de telle sorte que le nombre de leurs vibrations exécutées pendant chaque seconde soit en rapport simple avec les vibrations des sons qui les précèdent ou les suivent, ou les accompagnent, c'est-à-dire vibrent en même temps qu'eux.

C'est la superposition des notes qui donne à la parole, au chant et aux instruments ce que l'on nomme *le timbre*, qui les fait distinguer les uns des autres.

Car, quoique donnant une même note, dite principale, c'est-à-dire produisant un son ayant le même nombre de vibrations par chaque seconde, la voix ou les instruments font entendre d'autres notes secondaires en même temps. On appelle ces dernières *harmoniques*. Elles forment avec la note principale *des accords qui donnent le timbre*.

IV

FORMATION DE LA TERRE. — LES PLANTES LES ANIMAUX

1° Phénomènes connus qui ont dû accompagner la formation de la terre

Les vents et les orages. — On peut facilement concevoir que le refroidissement de la terre et, par suite, sa solidification n'ont pu se faire tranquillement.

De grandes secousses ont accompagné l'agglomération et les combinaisons de la matière.

Des orages, des tempêtes terribles ont bouleversé l'atmosphère qui entourait la boule liquide, puis liquide et recouverte d'une très légère croûte solide sur laquelle l'atmosphère déposait les eaux condensées, qui devait être plus tard notre planète.

Cette atmosphère était chargée de tous les corps que la température, encore élevée, avait maintenus à l'état gazeux.

En considérant comment se produit le vent, on peut juger ce que pouvaient être alors les tempêtes.

Le vent provient de ce que, sous l'action de la chaleur solaire, certaines parties de l'air, celles qui se trouvent en contact avec un sol plus exposé aux rayons du soleil, sont plus échauffées que les autres ; elles se dilatent tandis que d'autres se contractent.

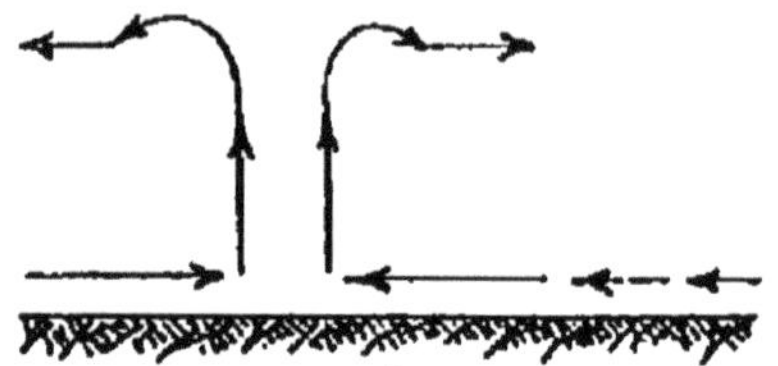

Partie du sol échauffée

Fig. A

Les parties les plus échauffées se trouvent résister davantage à l'action de la pesanteur et s'élèvent.

A mesure qu'elles s'élèvent au-dessus du sol, ces molécules plus légères sont remplacées par les plus lourdes.

Cela donne lieu à des transports de masses d'air, sous forme de courants, qui occasionnent ce que l'on appelle des vents plus ou moins forts, suivant que l'air se déplace avec une vitesse plus ou moins grande.

On peut facilement mesurer la vitesse de ces courants passant sur des contrées plus ou moins étendues de la terre.

Les mouvements du globe terrestre, s'exécutant pendant des périodes de temps régulières le jour et l'année, font qu'à des époques presque fixes les divers points de sa surface reçoivent du soleil leur plus grande ou leur plus faible quantité de chaleur.

Alors il arrive qu'il existe des courants qui naissent à certaines heures de la journée, comme les brises du matin et du soir sur les côtes ;

Ou bien des vents soufflant dans une direction pendant une saison et dans une direction opposée pendant l'autre.

Tels sont, par exemple, les vents appelés *moussons*, qui soufflent dans les mers d'Arabie, du Bengale, de la Chine (fig. 1).

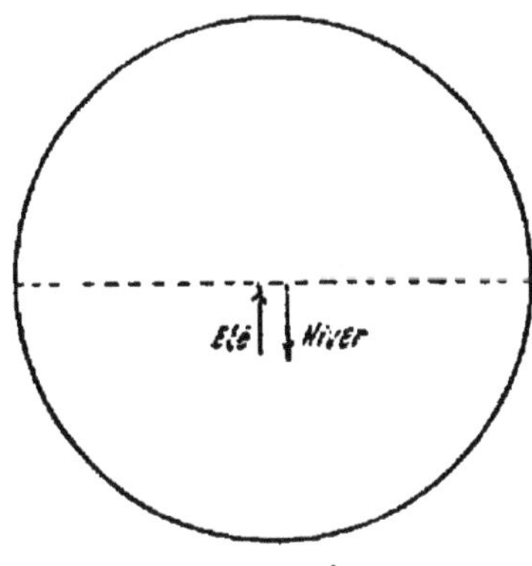

Fig. B 1

Les vents nommés vents alizés qui se font sentir dans les contrées situées vers l'équateur, c'est-à-dire les plus échauffées de la terre, venant du nord est au nord de l'équateur et du sud-est au sud de l'équateur (fig. 2).

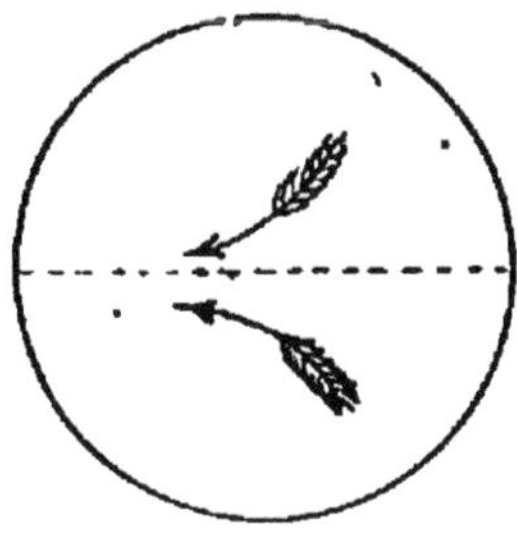

Fig. B 2

Au milieu de ces grands courants se produisent les tourbillons qui forment les tempêtes que l'on nomme aussi cyclones. L'air entraîné y est en mouvement et tourne comme l'eau dans ceux que l'on remarque dans le courant des rivières.

La direction générale de la masse d'air en mouvement étant indiquée par la flèche, la tempête T s'avançant

Fig. C

avec la masse d'air qui l'emporte passe successivement sur certaines contrées.

Les bords du tourbillon étant animés du m ıvement de rotation le plus rapide, c'est là où le vent est le plus violent et le plus dangereux pour les points de la terre que ces bords rencontrent.

De plus, dans nos contrées d'Europe, le bord *sud* est celui où la tempête est le plus redoutable, parce que le vent possède là une vitesse due à celle de la masse générale d'air *transportée toujours de l'ouest vers l'est*, augmentée de celle qui pousse dans le même sens l'air entraîné dans le tourbillon, comme l'indiquent les petites flèches, tandis qu'au bord *septentrional* cette dernière vitesse est diminuée de celle du courant général qui agit là en sens contraire.

L'air est chargé d'humidité qui se condense sur les contrées plus froides et tombe en pluies, en grêle et en trombes lorsque le cyclone est de peu d'étendue.

Les vents qui entraînent les grandes tempêtes nous viennent de l'Amérique. Connaissant la vitesse de ces grands courants, les Américains peuvent d'avance nous avertir de l'époque où la tempête arrivera sur les côtes occidentales de l'Europe, lorsqu'ils la voient naître.

Les volcans. — Des phénomènes volcaniques d'une intensité immense ont déchiré la croûte terrestre qui se formait.

Cette écorce emprisonnait des matières gazeuses, liquides ou solides, encore incandescentes, et se trouvait parfois brisée par l'expansion des gaz. D'autres fois, la poussée due au travail incessant auquel est soumise la masse intérieure produisait des soulèvements sans éruptions, déchirant seulement les couches supérieures rejetées à droite et à gauche (fig. 4). En d'autres

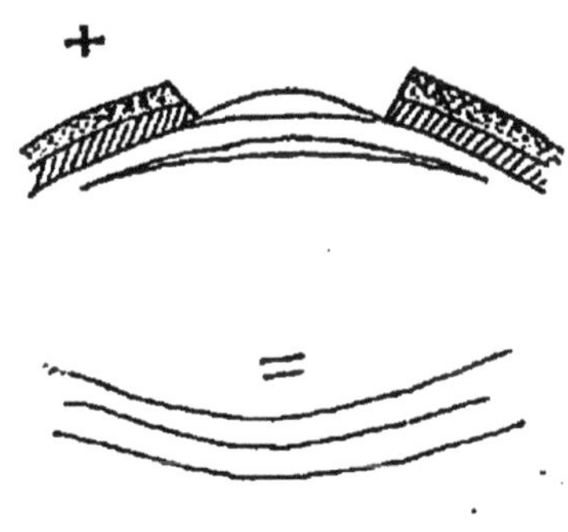

Fig. D 4 et Fig. E 5

points, enfin, il se produisait des affaissements (fig. 5). Tout cela déplaçait les mers.

Les montagnes qui sillonnent la surface de la terre, ainsi que les vallons, sont des résultats de ces explosions, de ces poussées.

Mais la formation des grandes chaînes de montagnes peut aussi être considérée comme la conséquence du plissement de la mince écorce terrestre qui, s'appuyant toujours sur le noyau central en fusion, devenait trop grande à mesure que ce noyau diminuait de volume par suite de la solidification lente et continue des matières qui accroissaient ainsi l'épaisseur de l'écorce.

Pendant ce même temps, *sous les mers*, les liquides continuaient à déposer à la surface du sol naissant les matières que l'abaissement progressif de la température faisait successivement passer à l'état solide par couches, régulières jusqu'à ce qu'une explosion vînt les déchirer, tandis que l'atmosphère se purifiait par des pluies torrentielles, des nuées dont il se chargeait sans cesse, au fur et à mesure de la condensation des matières gazeuses.

Nos tempêtes actuelles, nos éruptions volcaniques sont peu de chose si on les compare à ce qui se passait dans ces temps reculés.

Les déluges, que l'on signale dans l'histoire des peuples des premiers âges connus de l'humanité, sont dus à ce grand travail de la nature sur la terre en formation.

A l'époque actuelle de la vie de la terre, un volcan se forme rarement.

Le travail intérieur est bien moins actif, la chaleur est bien moins considérable.

On a cru longtemps que la formation d'un volcan provenait exclusivement de l'activité d'un feu intérieur. Ce n'est pas là, en tout cas, la seule cause des tremblements de terre et des éruptions volcaniques. Ces phénomènes peuvent être l'effet d'éboulements qui se produiraient dans des crevasses, dans des trous, considérables espaces restés vides dans l'intérieur de l'écorce terrestre. Des masses d'eau peuvent aussi soudain pénétrer par des fissures creusées peu à peu et être réduites rapidement en vapeurs au contact de parties brûlantes, formant ainsi de vastes chaudières menaçant d'explosions.

Mais voici comment se forme un volcan :

Les matières en ignition, les gaz, cherchant à s'échapper, secouent la terre, produisant ce que l'on nomme les tremblements de terre et le bruit qui les accompagne.

La plaine est agitée comme par des secousses, des trépidations ébranlant tout et par un mouvement semblable à celui d'une immense vague, pendant quelques secondes.

Ces secousses se reproduisent.

Puis soudain une explosion entr'ouvre le sol, d'où s'échappent des matières en fusion ou solides que la force d'expansion des gaz projette dans les airs.

Une fumée épaisse, formée de toutes les cendres lancées dans les airs, s'élève et assombrit le ciel, en se répandant au-dessus de la contrée.

Bientôt la lueur des matières incandescentes et enflammées, sorties du gouffre, éclaire seule ce spectacle.

Un amoncellement des matières vomies se forme autour du trou, et sur cet amas s'écoulent *les laves* brûlantes, tandis que les poussières recouvrent le pays et sont quelquefois entraînées fort au loin par les courants d'air.

En même temps, des *phénomènes électriques* se produisent, l'éclair et le tonnerre prennent naissance au sein du phénomène.

Puis l'intensité de l'éruption diminue et peu à peu elle s'éteint.

Un volcan est formé.

Une nouvelle éruption vient ensuite augmenter l'amoncellement formé autour du trou ou *cratère*, et d'autres lui succédant finissent par donner naissance à une véritable montagne qui devient après des siècles un Vésuve ou un Etna.

Les volcans finissent parfois par s'éteindre et sembler s'être bouchés pour toujours, comme les cratères des montagnes de l'Auvergne par exemple.

D'autres, perdant chaque fois de leur activité, ne laissent plus échapper que des matières bitumineuses et des gaz plus ou moins sulfurés.

Les phénomènes volcaniques se produisent aussi au-dessous des eaux.

C'est ainsi que des îles ont, en peu de temps, émergé au-dessus des eaux de la mer; puis bientôt, la force du flot les détruisant peu à peu, elles ont disparu.

On rencontre des lacs qui laissent échapper au-dessus de leur surface des jets de fumée et de gaz qui s'enflamment à l'air.

Enfin il existe des jets d'eau naturels dont quelques-uns montent jusqu'à 30 mètres, comme dans les geysers d'Islande, qui lancent des eaux très chaudes et de la vapeur d'eau qui se condense en nuages.

Beaucoup de contrées, *et toujours les mêmes*, sont souvent agitées par des tremblements de terre soulevant les flots, détruisant les constructions renversées sur les habitants, et cela sans qu'il y ait formation de volcans.

On a remarqué que, sur une étendue plus ou moins considérable de la région où le tremblement de terre est ressenti, les secousses semblent produites par des chocs venant de l'intérieur de la terre et dirigés verticalement de bas en haut. Cette partie occupe le centre de toute la contrée secouée et se nomme l'*épicentre.*

Ces phénomènes ne forment que des crevasses d'où peuvent parfois s'échapper des vapeurs.

Enfin l'atmosphère terrestre a pu s'éclaircir, en se débarrassant des vapeurs qui, jusque-là, empêchaient les rayons du soleil d'arriver à la surface de la terre par leur continuelle condensation en nuées épaisses.

Alors la végétation a pu se produire, sur un sol moins brûlant, moins composé de boues et résistant mieux aux efforts du brasier qu'il enfermait sous sa croûte légère.

A l'époque actuelle, l'épaisseur de la portion solide de la terre qui forme le sol est d'une dizaine de lieues.

La surface de l'écorce terrestre est rendue irrégulière par la présence des montagnes, des vallées au fond desquelles s'écoulent les eaux et des parties déprimées dans lesquelles se sont naturellement rassemblées les eaux des mers et de l'océan.

Les plus hautes montagnes ont jusqu'à 5,000 à 7,000 mètres de hauteur. Dans les monts Himalaya, le mont Everset à 8,840 mètres.

Les parties les plus profondes de l'océan, dont le fond est aussi irrégulier que la surface de la terre, sont estimées être à 9,000 mètres au moins de son niveau.

Quant à l'atmosphère d'air retenu par l'attraction autour de notre planète, il est de moins en moins condensé à mesure qu'il s'éloigne du sol.

La limite appréciable de la présence de l'air est de 50 kilomètres environ.

On croit même en trouver des traces jusqu'à 100 kilomètres.

Quelques savants croient que l'atmosphère s'étend bien au-delà de ces limites, mais l'air est tellement rare, c'est-à-dire si disséminé dans l'espace, à ces distances de la terre, que l'on n'y peut constater sa présence d'aucune manière.

L'atmosphère. — *L'atmosphère n'est pas de l'air pur.* Il contient tout ce qui s'y élève de la surface de la terre :

Des poussières de toutes sortes : les unes minérales ; tels sont :

1° Le *sel marin*, le *sulfate de soude*, le *brome*, l'*iode*, entraînés par les courants d'air qui les enlèvent à l'écume des vagues finement pulvérisées par leur choc contre les côtes ;

Puis : 2° les poussières soulevées par les vents et de différentes sortes suivant les terrains que le vent balaye ; ce sont par exemple : *du carbonate de chaux*, sel formé d'*acide carbonique* et d'*oxyde de calcium*, base composée de *calcium* et d'*oxygène ;* du *sulfate de chaux* (acide sulfurique et chaux); de la *silice* ou *acide silicique* (oxygène et silicium); des silicates (silice et une base);

3° Ensuite des carapaces siliceuses de *diatomées*, petites plantes microscopiques très curieuses, de la famille des *algues*, que longtemps on a cru être des animaux se rapprochant des petits infusoires et servant pour ainsi dire de trait d'union entre les animaux et les végétaux ;

4° Enfin des poussières de mica, des globules de fer et d'oxyde de fer magnétique provenant des étoiles filantes qui se broient par leur choc contre l'atmosphère.

D'autres poussières sont organisées et vivantes et sont formées de tous les autres corps légers que peut entraîner le vent: graines légères, *pollen* des fleurs, et des germes de végétaux et d'animaux imperceptibles que l'on nomme *microbes*, des mots grecs *mikros*, petit, et *bios*, vie.

Ces germes, introduits dans le corps par la respiration ou par les aliments sur lesquels ils se sont déposés, sont la cause de beaucoup de maladies et d'épidémies chez les animaux.

Toutes ces poussières ont souvent si peu de poids qu'elles peuvent rester en suspension dans l'air entraîné par les courants atmosphériques.

L'air est encore mêlé de gaz provenant des usines, des fumées;

De ceux produits par la respiration des animaux et des végétaux.

La température de l'air diminue à mesure que l'on s'élève au-dessus du sol, et sur les hautes montagnes on trouve des neiges qui ne fondent jamais et ont formé des glaces éternelles.

Les régions équatoriales sont assez échauffées par le soleil pour qu'il n'existe pas de neiges éternelles mais, à mesure que l'on s'éloigne de l'équateur pour aller vers les pôles, la hauteur à laquelle on rencontre les glaciers sur les montagnes diminue et aux pôles c'est sur le sol même et sur la mer que l'on rencontre ces glaces éternelles.

Plantes et animaux fossiles. — Les animaux les plus anciens dont on trouve les traces ont eu des organes peu compliqués. Ils ressemblent aux coquillages de toutes sortes que l'on rencontre dans les eaux de la mer ou les eaux douces.

Ils vivaient aussi dans les eaux qui recouvraient une bien plus grande étendue de la surface de la terre qu'aujourd'hui.

Ces eaux ont laissé se déposer sur le sol qu'elles submergeaient toutes ces coquilles qui, accumulées en grande quantité, ont formé d'immenses bancs entièrement composés de leurs débris.

De nos jours, ces bancs servent de carrières de pierres.

C'est par les restes qu'ont laissés les animaux dans les divers terrains sur lesquels ils ont vécu que l'on peut suivre le progrès qui a présidé à la structure des êtres vivants à mesure que la terre se formait.

Les parties du corps de ces animaux qui étaient molles ont disparu par la décomposition qui survient lorsque la vie a cessé, tandis que les parties solides, telles que les carapaces, les os, se sont conservées ou ont laissé leur empreinte dans les terrains qui les ont emprisonnées.

Les parties molles en disparaissant ont été remplacées par les matières calcaires, siliceuses, charbonneuses, formant le terrain où ces débris des êtres ayant péri se trouvaient.

On a pu, d'après cela, retrouver à l'aide de ces restes, trouvés entiers ou en parties, reconstituer en vraie grandeur la structure des animaux qui vivaient à l'époque où s'est formé le terrain dans lequel on les rencontre sous forme de *fossiles.*

D'autres fois, chaque molécule de l'être paraît avoir été remplacée par une molécule de la matière formant le terrain, et l'ensemble est la reproduction de la structure intérieure comme de la forme extérieure de l'animal. On a trouvé en Amérique, par exemple, des forêts ainsi *pétrifiées.*

Dans les terrains formés par les dépôts les moins anciens on retrouve les débris d'animaux de plus en plus parfaits : les poissons, les oiseaux, les quadrupèdes.

Chacune des diverses espèces végétales ou animales qui existent aujourd'hui a un correspondant parmi les fossiles, non pas toujours identique, mais possédant les caractères par lesquels on distingue les différents genres et les diverses espèces d'êtres organisés.

Ce n'est que dans les terrains tout à fait supérieurs que l'on a vu les traces de la présence de l'homme.

Dans les âges précédant leur formation on ne trouve aucun fossile humain. Rien n'indique à ce moment une civilisation antérieure à celle de la race humaine actuelle qu'aurait détruite l'énergie des bouleversements, des inondations immenses des déluges ravageant de grandes contrées entières pour toujours submergées.

Terrains formant l'écorce de la terre. — Les terrains formés successivement par les dépôts de matières qui se sont effectués les uns au-dessus des autres ont été divisés en trois groupes principaux et classés d'après leur âge.

En commençant par les moins anciens, on trouve :

1° *Les alluvions* qui comprennent les terrains formés par les dépôts que font chaque jour les eaux de tout ce qu'elles entraînent en descendant des points élevés. Les eaux tendent sans cesse à dégrader ainsi les hauteurs pour combler les vallées, les plaines de cailloux, de sables, de limons formant terre végétale. C'est ainsi que se comblent des embouchures de fleuves, qui ont changé d'aspect depuis des temps plus ou moins reculés, et que des falaises sont rongées par les eaux de la mer, tandis que les côtes sont ensablées en d'autres points.

Les terrains d'alluvion sont encore formés par des tourbières, par les dépôts provenant des éruptions volcaniques ; au dessous, on y trouve enfin de la marne, du silex.

2° *Les terrains neptuniens.* — Ils sont composés de ce que les eaux ont déposé au-dessus de l'écorce primitive et que l'on nomme roches neptuniennes ou sédimentaires, ou encore roches *stratifiées.*

On les a divisés, toujours d'après leur âge : 1° en terrains *tertiaires* ou *supérieurs*, où on rencontre des roches formées de grès, de pierre à bâtir, de pierre à chaux, de pierre à plâtre, la marne, les lignites, le bitume, etc. ; 2° terrains *secondaires* ou *moyens*, dans lesquels se trouvent la craie, le grès, des argiles à poterie, la pierre lithographique, du fer, le sel dit sel gemme, des marbres, du minerai de plomb, du cuivre, du schiste, etc. ; 3° terrains *intermédiaires*, appelés aussi *primaires* ou *anciens ;* ils contiennent du porphyre, l'ardoise, la houille, la graphite, le jaspe, le minerai de mercure, de cuivre, d'étain, de fer, du granit.

3° *Les terrains plutoniens.* — Ce sont ceux qui ont été formés par le refroidissement des matières enflammées à l'origine.

Ce sont donc les plus anciens ; on les nomme aussi terrains primitifs. Leurs roches, appelées roches plutoniques ou ignées, sont formées de granit, de corps à l'état de cristaux, de minerai de fer.

Les terrains primitifs ne contiennent aucune trace d'êtres organisés.

Dans toutes les régions du globe, les terrains sont disposés dans le même ordre.

Ainsi, si on rencontre un des étages de ces terrains à la surface du sol, on pourra être certain qu'au-dessous de lui on n'en trouvera aucun de ceux qui se montrent au dessus dans les régions plus complètes.

Chacun des étages est caractérisé par la composition des roches qui l'ont formé et aussi par la nature des fossiles et des empreintes de plantes emprisonnées dans le dépôt.

Les terrains de sédiment les plus anciens, c'est-à-dire ceux qui sont voisins des terrains plutoniens, ont subi l'action du feu central et ont pris l'apparence cristalline des roches d'origine ignée. On dit qu'ils ont été *métamorphisés.*

Les terrains métamorphisés ont jusqu'à 10 kilomètres d'épaisseur ; à l'époque de leur dépôt, les mers étaient très chaudes.

Les phénomènes volcaniques ont rejeté des matières au-dessus des strates qu'elles traversaient, ou bien y ont formé des filons liquides qui se sont ensuite solidifiés ; c'est pour cela que l'on rencontre des matières cristallisées, des minerais métalliques dans les terrains neptuniens, matières qui se sont cependant formées à des époques antérieures au dépôt de ces terrains stratifiés.

Les volcans, le travail des eaux modifient sans cesse la surface de notre planète. D'autres changements sont dus au glissement de grandes superficies de terrain descendant soudain des montagnes et venant souvent tout d'une pièce recouvrir le fond des vallées.

Les glaciers ont été et sont encore aussi une cause de changements d'aspect du sol.

A l'époque des chaleurs, ils fondent un peu à leur base, à la hauteur à laquelle le sol a la température qui fait passer la glace à l'état d'eau.

Les parties supérieures se disloquent alors, glissent sur le flanc des montagnes entraînant des pierres formant des dépôts que l'on nomme des *moraines*.

Elles abandonnent également des blocs appelés *blocs erratiques*.

La présence de ces moraines, de ces blocs erratiques a permis de juger jusqu'où s'étendaient les glaciers aux diverses époques de l'âge de la terre.

On comprend facilement que les terrains stratifiés ne sont pas disposés en couches horizontales partout.

En soulevant et déchirant le sol, les éruptions ont fait que, dans les terrains montagneux principalement, les strates se sont trouvées plus ou moins relevées et inclinées dans certaines régions. Des affaissements, des effondrements internes dus au retrait occasionné par la solidification les ont abaissées au contraire en d'autres points.

Les modifications subies par l'écorce terrestre ont amené des affaissements et des surélévations qui se sont faits par un mouvement lent et progressif, et des plages en s'abaissant ont été inondées, tandis que d'autres ont été découvertes.

De plus, le travail des eaux, dans leurs déplacements, a creusé souvent plusieurs étages de roches sédimentaires, ainsi formant des vallées, des détroits.

L'écorce de la terre ou la croûte de la terre n'est pas compacte. Elle est au contraire comme perforée d'une foule d'espaces vides.

Les eaux venant de l'atmosphère pénètrent dans le sol. Elles s'arrêtent quand elles ont rencontré une strate ou couche imperméable, c'est-à-dire qu'elles ne peuvent pas traverser, comme le sont les terrains argileux. Elles se réunissent dans les vides, formant ainsi des réservoirs souterrains.

Ces eaux sortent de ces réservoirs par des fissures que l'on nomme les *sources* et par les puits *artésiens*.

Pendant qu'elles traversent le sol, les eaux emportent avec elles tout ce qu'elles peuvent dissoudre dans les terrains qu'elles rencontrent.

Elles deviennent ainsi ce que l'on nomme les eaux minérales, comme par exemple l'eau de la mer.

Ces eaux minérales sont souvent chaudes, quelquefois très chaudes et même bouillantes, et sont alors dites eaux thermales.

Elles peuvent être incrustantes, ce qui veut dire qu'en arrivant à l'air elles déposent le carbonate de chaux qu'elles avaient dissout sur tout ce qu'elles peuvent recouvrir en s'écoulant.

On peut ainsi admirer ces dépôts dans d'immenses grottes ou cavernes laissées vides dans le sol, auxquelles ces incrustations donnent un aspect des plus curieux. L'eau, en tombant goutte à goutte de la voûte, finit par former de véritables piliers, images de colonnes d'une architecture des plus originales.

En s'élevant dans l'air, on sent que la température diminue à mesure que l'on s'éloigne du sol.

Lorsque l'on pénètre dans l'intérieur de la terre, on commence par rencontrer, à très peu de distance de la surface, une région dans laquelle la température est fixe et reste la même pendant l'été comme pendant l'hiver.

Ensuite, à partir de ce point, la température augmente, sans doute sous l'influence de la chaleur centrale, tandis que l'on pénètre plus profondément.

Et la chaleur croît d'une façon régulière, c'est-à-dire d'un nombre de degrés fixe pour un même nombre de mètres franchis verticalement.

A Paris, la région où la température est fixe se trouve à 25 mètres au-dessous du sol. Et à partir de 25 mètres la température croît de 1 degré par 33 mètres de profondeur.

Cela explique la chaleur que possèdent certaines eaux souterraines et les eaux thermales. On peut même se rendre compte de la profondeur à laquelle se trouve le réservoir, par le degré de température de ces eaux.

2° Les plantes et les animaux

Substances qui forment les cellules qui constituent les êtres vivants. — Le carbone, l'oxygène, l'hydrogène et l'azote, en s'unissant *par combinaison*, forment les substances que l'on rencontre dans le corps des animaux et des végétaux.

On nomme ces substances *substances organiques.*

Ces substances organiques s'unissent elles-mêmes entre elles *par mélanges* formant ce que l'on nomme des *substances organisées* et constituent les tissus des chairs et des organes des animaux, les nerfs, les membranes qui enveloppent ou fixent les organes, ainsi que tout ce qui constitue les végétaux.

Elles forment également les vaisseaux où circulent les liquides tels que le sang, la sève, etc., destinés : les uns, à porter les matières nécessaires à la nutrition dans toutes les parties du corps des êtres organisés, animaux et plantes ; les autres, à permettre et faciliter les mouvements des différentes parties de ces corps, dont chaque organe a une fonction particulière pour assurer la vie et ne peut en remplir d'autres.

Les substances organisées se présentent dans les tissus, etc., sous forme de corpuscules microscopiques, que l'on nomme *cellules*.

Ces cellules sont de diverses sortes dans le même individu et soudées les unes aux autres par leur enveloppe molle ou dure, ou bien seulement serrées les unes contre les autres.

Chaque cellule a une vie propre.

Elle naît, se nourrit et s'accroît en absorbant les matières qu'elle peut s'assimiler, c'est-à-dire qui sont capables de remplacer en elle ce que le travail de la vie a détruit ou modifié, et exhale à travers son enveloppe ce qui lui est devenu inutile.

La nourriture est amenée dans les cellules par le sang qui pénètre jusqu'à elles par l'extrémité des artères et des veines, ramifiées en fins vaisseaux, ou par la sève.

Enfin, la cellule meurt.

Les cellules donnent naissance à d'autres cellules, en se divisant chacune en plusieurs semblables destinées à remplacer celles qui meurent ou à accroître l'être.

L'ovule, origine de l'œuf ou de la graine, est une cellule mère, donnant naissance à l'être.

Les animaux les moins parfaits, entièrement microscopiques et que l'on nomme *infusoires*, ne sont souvent composés que d'une cellule, qui se divise pour donner naissance à d'autres infusoires.

Il en est de même de certaines plantes.

Les cellules ont des formes très variées, rondes, ovales, aplaties.

Il en existe aussi qui sont linéaires, d'autres sont étoilées; elles se sont alors mises en communication entre elles par leurs extrémités ou leurs branches, pour former les canaux où circulent le sang et les divers liquides.

Les cellules allongées en filaments nommés *fibres* et réunies en faisceaux ont constitué par leur assemblage les *muscles*.

Les muscles permettent à l'animal d'exécuter les mouvements dépendant de sa volonté, par exemple de mouvoir ses membres, de marcher.

Ils sont terminés par des assemblages de fibres épaisses (tendons) liés aux os, ce qui fait que, par la contraction des fibres musculaires, les os peuvent se mouvoir autour de leur point d'appui, comme un levier.

Les os, d'abord mous dans le jeune âge, sont, dans la partie dure (car beaucoup renferment une partie molle ou moelle), composés de cellules enclavées dans une masse rendue bientôt solide par une grande quantité de phosphate de chaux et de carbonate de chaux, qui leur donne leur résistance en même temps que l'animal grandit.

Nutrition par la digestion et la respiration. — La vie chez les plantes et chez les animaux se conserve par la nutrition.

La nutrition se fait par la digestion et la respiration et par l'élimination des produits abandonnés par les tissus.

Pour que les organes qui entretiennent la vie des êtres fonctionnent bien, il faut que les aliments leur rendent ce que leur travail incessant, la fatigue détruisent et qu'ils remettent dans le même état ce que ce travail transforme, car les organes sont comme des outils et s'usent.

De plus, il faut que les produits nouveaux formés soient expulsés des organes ; sans cela, des *engorgements*, nuisibles à la santé de l'animal ou du végétal, se formeraient.

De la régularité de l'assimilation aux tissus des substances destinées à les nourrir et de la désassimilation, c'est-à-dire de l'enlèvement des résidus inutiles, dépend la santé.

C'est par la digestion que les aliments se transforment en substances assimilables à l'aide d'un travail de décomposition et de combinaison.

Elle commence dans la bouche sous l'influence de la salive qui y est déversée par des glandes appelées *glandes salivaires*.

Voici, comme exemple et en quelques mots, le mécanisme de la nutrition chez les animaux supérieurs, nommés *vertébrés mammifères*, c'est-à-dire ceux qui allaitent leurs petits, principalement les carnivores.

La digestion s'opère dans l'*estomac* pour les substances contenant du carbone, de l'oxygène, de l'hydrogène et de l'azote, nommées *substances quaternaires ou plastiques*.

Les aliments pénètrent dans l'estomac par un tube appelé l'*œsophage* et à l'aide des mouvements de contraction de ce canal *porte-manger*.

Là, les substances plastiques sont dissoutes et transformées par des liquides fournis par de petites glandes contenues dans les parois de cet organe, tels que le liquide appelé *suc gastrique*.

L'action des liquides est aidée par les contractions de l'estomac.

Enfin les matières nutritives passent dans les veines qui aboutissent aux parois de l'estomac.

La digestion continue dans les intestins où se transforment les aliments dits ternaires, ne contenant que du carbone, de l'oxygène et de l'hydrogène en combinaison et qui viennent des matières *grasses* ou *amylacées*.

Les liquides par lesquels cette transformation est faite sont la *bile*, qui est produite par une grosse glande que l'on appelle le foie et qui se déverse près de l'entrée des intestins, et le *suc pancréatique* qui vient d'une autre glande nommée le *pancréas*.

Les mouvements de l'intestin, appelés *mouvements vermiculaires*, facilitent la digestion.

Les substances ainsi rendues assimilables au corps forment le *chyle* qu'absorbent les vaisseaux chylifères pour le verser dans le sang.

Enfin ce qui n'a pas été absorbé, ni transformé est rejeté hors du corps.

La respiration se fait par l'air qui est introduit dans des organes que l'on nommé les *poumons*.

Les organes respiratoires sont nommés *branchies* chez les poissons et *trachées* chez des animaux tels que les insectes.

Le sang, sortant de la *partie gauche* du cœur, est envoyé dans toutes les parties du corps par les mouvements du cœur et des artères, qui se dilatent et se contractent tour à tour.

Arrivé jusqu'aux extrémités fines qui terminent les ramifications des artères, il passe dans d'autres canaux, nommés vaisseaux capillaires, microscopiques et répandus partout en nombre infini, et remplace les éléments des cellules que le travail de la vie a décomposés ou fournit ce qui est nécessaire à l'accroissement des tissus.

Par l'oxygène que ce sang, venant de la partie gauche du cœur, contient, il forme en même temps de l'acide carbonique et de la vapeur d'eau avec les résidus des matières ternaires, en brûlant le carbone et l'hydrogène, c'est-à-dire en les transformant en acide carbonique et en eau.

Le sang, devenu alors noir, passe dans les veines; celles-ci le conduisent dans le côté droit du cœur, qui alors l'envoie dans les poumons.

Les membranes organisées ont la propriété de laisser passer à travers leurs pores les fluides ; elles peuvent ainsi les séparer et permettre des échanges à travers elles.

Or, dans les poumons, il se fait, à travers les membranes, un échange entre l'air aspiré dans cet organe par la *trachée artère* et arrivé jusqu'aux extrémités des rameaux (bronches) de ce conduit, d'une part, et des gaz entraînés dans le sang, d'autre part.

L'acide carbonique, la vapeur d'eau, ainsi que d'autres substances gazeuses pouvant se trouver accidentellement dans le sang abandonnent par cet échange ce liquide, sont exhalés par la bouche et remplacés par l'oxygène de l'air, que les globules du sang absorbent en redevenant rouges et emportent dans la circulation. La circulation ramène le sang ainsi coloré dans la partie gauche du cœur d'où il est de nouveau chassé dans le corps pour contribuer encore et de la même manière à la nutrition.

Le sang laisse donc les matières assimilables venues de l'estomac et des intestins dans les cellules et débarrasse par la respiration les tissus des produits de la désassimilation des matières ternaires.

De plus, il entraîne les résidus des substances plastiques, qui sont des matières azotées et de l'eau.

Ces matières se réunissent dans deux glandes nommées *les reins*, de là s'écoulent dans un réservoir élastique appelé *vessie* et sortent par l'urination, qui peut rejeter aussi tout ce qui pourrait avoir été introduit dans le corps et lui est devenu inutile, par exemple des résidus de médicaments.

C'est ainsi qu'en résumé les organes et les parties solides des animaux se renouvellent sans cesse.

Le travail de décompositions et combinaisons qui résulte de la nutrition par la respiration donne au corps des animaux la chaleur qu'il possède naturellement par lui-même et que l'on nomme pour cela la chaleur animale.

Les animaux se nourrissent de plantes et sont par conséquent formés des mêmes matières élémentaires qu'elles.

S'ils mangent d'autres animaux, ce n'est qu'une façon détournée de se nourrir des végétaux.

Car, par le fait, ces animaux absorbant les muscles de ceux qui mangent les plantes vivent aussi de ces plantes toutes transformées en chair.

Végétation. — Tout être organisé *naît* d'un être organisé *vivant* semblable à lui.

Ainsi chaque plante produit sa graine et cette graine

devient plante semblable à celle qui a produit la graine.

La graine est formée de l'embryon entouré d'une enveloppe qui lui servira de première nourriture lorsque cet embryon commencera à germer.

Un *embryon* ou *plantule* se compose de la *radicule*, de la *tigelle*, de la *plumule* ou *gemmule*.

Lorsqu'une graine a été placée dans la terre végétale, la tigelle devient tige, la plumule fournit les premières feuilles et la radicule devient alors racine; la *plantule* se nourrissant maintenant par l'air et par la terre devient plante.

Les racines servent à l'introduction des aliments dans les végétaux en absorbant l'eau et les matières minérales contenant du carbone, de l'hydrogène, de l'oxygène et de l'azote, que cette eau tient en dissolution, par exemple des produits azotés provenant de l'azotate et de l'azotite d'ammoniaque formés sous l'influence des éclairs dans l'air humide et que la pluie a dissous et entraînés dans le sol.

Les parties vertes, les feuilles principalement, des plantes servent à la *respiration* des végétaux, comme les *appareils respiratoires* chez les animaux.

Les feuilles, par de petites ouvertures nommées *stomates*, absorbent l'*acide carbonique* contenu dans l'air. Cette absorption se fait sous l'influence des rayons solaires, c'est-à-dire le *jour*.

Les plantes absorbent aussi de l'azote, de l'air et en rejettent une partie.

Les matières que les racines puisent dans la terre forment la *sève*, après une sorte de digestion dans l'intérieur des plantes, comparable à celle qui s'opère dans les appareils digestifs des animaux.

La sève monte, parcourt l'intérieur des végétaux, comme le sang qui circule chez les animaux. Elle porte ainsi partout la nourriture avec l'acide carbonique pris à l'air par les feuilles.

Pendant la nuit, les feuilles absorbent de l'*oxygène;* cet oxygène transforme, tandis que la sève monte, les résidus de la nutrition en acide carbonique et vapeur d'eau.

Cet acide et cette vapeur sont exhalés en même temps que du nouvel oxygène les remplace et tandis que la sève redescend; cette descente s'opère principalement entre l'écorce et le bois.

Quant à l'eau introduite dans la plante, elle s'y décompose; une partie de son hydrogène reste pour nourrir la plante, et son oxygène est rejeté dans l'air.

Le carbone de l'acide carbonique, introduit dans le végétal par les stomates des feuilles et les parties vertes, se fixe dans les tissus, abandonnant l'oxygène qui est en partie exhalé au dehors, toujours sous l'influence de la lumière.

En rendant ainsi de l'oxygène à l'air et en lui prenant de l'acide carbonique produit par la respiration des animaux et des végétaux, les plantes servent donc à l'épurer et à assurer la constance de sa composition, à le maintenir respirable.

C'est le soleil qui fait le travail de la végétation, c'est-à-dire que c'est lui qui donne le mouvement moléculaire nécessaire aux combinaisons et aux décompositions qui s'opèrent dans l'intérieur des plantes, en fournissant la chaleur que ces phénomènes exigent pour s'accomplir.

Les racines ont des formes très variables ; elles peuvent être *pivotantes* comme celle de la betterave, ou composées de tubercules comme celle des dahlias, ou en filaments, c'est-à-dire fibreuses.

Leurs extrémités sont pourvues de fils fins, nommés *radicelles*, dont l'ensemble constitue ce que l'on nomme le chevelu. Ce sont ces radicelles qui, par un mouvement d'endosmose, font pénétrer dans le végétal, par leurs extrémités, l'eau et les matières nutritives qu'elle contient en dissolution.

Les racines s'accroissent en poussant vers les profondeurs du sol.

Il existe des plantes dont les racines sont dites *aériennes*, parce qu'elles sont en partie hors du sol ou bien comme les *crampons* avec lesquels s'attache le lierre par exemple.

D'autres racines sont dites *aquatiques*, parce qu'elles sont plongées dans l'eau.

Les tiges offrent également de grandes variétés dans leur forme.

Les unes sont en partie souterraines et ont l'aspect de ce que l'on appelle des *rhizomes*, comme celles des iris, ou bien présentent des renflements ou *tubercules*, telles sont les tiges du *Solanum tuberosum* dont les renflements donnent les *pommes de terre*.

D'autres tiges ont la forme de *bulbes* ou *oignons*.

Les tiges grandissent en s'élançant vers le ciel, à l'inverse des racines.

La partie qui les unit à la racine a reçu le nom de collet.

Les tiges et leurs rameaux ou branches portent seuls des feuilles et des fleurs.

Les feuilles et les fleurs offrent aux yeux, par leur forme et leur disposition, par leurs couleurs, les aspects les plus divers et aident ainsi les plantes à rompre la monotonie des paysages.

Les feuilles se placent d'une manière régulière autour d'une tige.

La fleur complète est formée de quatre parties, rangées chacune en cercle nommé cycle ou verticille floral, sur l'extrémité d'une tige principale ou d'un rameau; cette extrémité forme alors ce que l'on désigne sous le nom de *réceptacle*.

Un examen attentif des cycles floraux a fait considérer *chacune* des divisions qui les compose comme n'étant qu'une feuille modifiée.

Au centre de la fleur se trouvent les deux parties principales :

1° Le *pistil* divisé en *ovaire* et *style*, tige qui surmonte l'ovaire.

Le pistil est formé par des divisions, nommées *carpelles*, réunies en un seul ensemble ou bien distinctes.

Quelquefois le pistil est réduit à un seul carpelle.

L'ovaire renferme les *ovules*.

2° Les *étamines* qui comprennent une tige nommée *filet* et une tête nommée *anthère*.

Elles peuvent être réunies entre elles par la soudure de leur filet ou de leur anthère.

Les anthères sont des réservoirs divisés en deux loges, dans lesquelles se forme une sorte de poussière jaune que l'on appelle le *pollen* et qui est composée de petites cellules.

Autour des étamines et du pistil se trouve disposé le *périanthe* qui leur sert d'enveloppe protectrice.

Le périanthe comprend à l'extérieur le calice, composé des *sépales*, et la *corolle*, formée des pétales à l'intérieur.

La disposition, la forme des différentes parties de la fleur offrent de grandes variétés.

Dans certaines espèces, le périanthe manque en partie ou tout entier.

Beaucoup de plantes n'ont que le pistil ou que les étamines sur une même fleur.

Et, parmi ces végétaux, les uns produisent des fleurs à étamines sur certaines tiges, ou des fleurs à pistil sur d'autres branches du même *individu*, tandis que d'autres ne portent *sur le même pied* que des fleurs pourvues des étamines seulement et sans pistil, et *sur d'autres pieds* les fleurs portant le pistil seul sans étamines.

A un moment de la saison donné, les réservoirs contenant le pollen s'ouvrent et le laissent échapper dans l'air.

Les cellules du pollen tombent sur la tête du pistil que l'on désigne sous le nom de *stigmate*. Ce stigmate est enduit d'une sorte de liqueur qui retient ces fines cellules, lesquelles se gonflent, sont absorbées par le pistil dans lequel elles descendent en s'allongeant en tubes et pénètrent jusque dans la partie inférieure du pistil, c'est-à-dire dans l'ovaire. Là, elles rencontrent les ovules pourvues d'une petite ouverture du nom de *micropyle*.

Après le contact de la matière apportée par le tube formé par la cellule du pollen, l'embryon se forme dans l'ovule.

L'ovule devient graine, tandis que l'ovaire, qui se gonfle en même temps, forme le fruit.

Ce fruit, en mûrissant, laisse tomber autour de lui la corolle de la fleur, ses étamines et la tige du pistil.

Parmi les fruits, les uns deviennent secs et ne contiennent plus que les graines dans leur enveloppe.

D'autres restent en partie *charnus* et sont souvent bons à manger. Parmi ces derniers, on trouve ceux dont la division interne devient bois et forme le noyau qui enferme ainsi la graine.

Les fruits proviennent d'un seul ovaire et sont appelés alors simples ou *unicarpellés*, ou de plusieurs ovaires, mais fournis par la même fleur dont le pistil était formé de plusieurs carpelles et portent dans ce cas le nom de *fruits* composés ou *polycarpellés*.

La fraise, la framboise, la *grappe* de groseiller, le citron sont des fruits composés.

Il ne faut pas confondre ces fruits avec des agglomérations de *fruits bien distincts*, c'est-à-dire provenant chacun d'une *fleur particulière* et qui sont simplement réunis ou soudés en un ensemble.

Le fruit du mûrier, la figue, l'ananas ne sont pas un fruit polycarpellé, mais une réunion de fruits.

L'enveloppe des cellules qui constituent les plantes est nommée la cellulose ; c'est une substance ternaire, c'est-à-dire formée de carbone, d'hydrogène et d'oxygène.

Les tiges et toutes les parties solides des végétaux

sont faites de cellules allongées en forme de fuseaux, nommées fibres ou clostres. Elles sont souvent très allongées et par leur réunion en faisceaux deviennent des filaments.

Les vaisseaux où circulent la sève et les autres liquides semblent être formés par une suite de cellules allongées, unies bout à bout et percées à leur point de réunion.

C'est dans les cellules des plantes que sont contenues toutes les substances que l'on extrait des végétaux, par exemple les sucs tels que l'opium, la gomme-gutte, la gutta-percha, le caoutchouc, des essences, des huiles, les résines, les cires, l'amidon, les fécules, les farines, le sucre, des matières colorantes.

Les plantes les moins parfaites, composées seulement d'une cellule ou d'un amas de cellules, ne possèdent ni vaisseaux, ni fibres.

Action du système nerveux. — Le système nerveux se compose de deux parties : l'une destinée à mettre l'être vivant en rapport avec les objets extérieurs ; l'autre qui règle les fonctions des organes dont les mouvements sont indépendants de la volonté de l'animal.

Chez les êtres constitués de la façon la plus parfaite, l'homme par exemple, la première partie du système nerveux est formée par le *cerveau*, la *moelle épinière* et les *nerfs*.

Le cerveau est logé sous le crâne ; la moelle épinière, qui en est le prolongement, est enfermée dans la colonne vertébrale, sorte de canal formé par une suite d'os creux, auxquels on donne le nom de *vertèbres*, et appelé canal *rachidien*.

Les nerfs partent de ces deux centres nerveux et se répandent dans les muscles, dans les organes de la vue, de l'ouïe, de l'odorat, sous forme de petits fils dont les extrémités excessivement tenues pénètrent partout.

Les vibrations du mouvement lumineux sont communiquées aux nerfs qui aboutissent à l'intérieur de l'œil et appelés nerfs *optiques*.

Les vibrations sonores arrivent aux nerfs de la partie interne de l'oreille désignée sous le nom de nerfs *auditifs*.

Les odeurs impressionnent les nerfs *olfactifs*.

Enfin le contact des objets extérieurs produit sa sensation sur les nerfs qui portent leurs extrémités jusqu'à la peau.

Les nerfs semblent être comme des conducteurs, qui transmettent au cerveau les ébranlements éprouvés par les organes de la vue, de l'ouïe, de l'odorat, du toucher, sous l'influence des objets extérieurs.

Cette communication, en lui faisant éprouver une sensation, *particulière pour chaque organe*, fait naitre aussitôt en lui un mouvement qui n'est qu'une modification de celui reçu par cet organe et lequel revient immédiatement comme réfléchi et à travers les nerfs aussi, pour faire exécuter aux organes des mouvements, que le cerveau commande pour ainsi dire comme conséquence de la sensation qu'il a reçue.

La matière nerveuse se compose de deux parties : l'une la partie dite sensible qui transmet les diverses sensations; c'est elle qui fait que l'animal *sent, comme on dit;* l'autre qui fait exécuter les mouvements dont les actions sur le cerveau sont la cause, ou bien ceux que la *volonté* commande aux organes ou aux membres.

La deuxième partie du système nerveux se compose de petites masses de matière nerveuse ou centres nerveux nommés *ganglions* et *plexus nerveux*, d'où partent des nerfs et placés le long des vertèbres et près ou sur les organes qui sont soumis à leur action motrice *indépendante de la volonté*.

On trouve ces ganglions fort nombreux sur les organes de la nutrition, sur ceux qui fournissent les liquides nécessaires à cette fonction. Les liquides qui permettent les mouvements des différentes parties du corps, comme l'huile ou les graisses, font que des pièces solides peuvent, dans les machines, glisser les unes sur les autres sans arrêts, sont formés dans des glandes non pourvues de ganglions.

Les nerfs de ce système, nommé le grand sympathique, sont mis en relation avec la partie sensible des filets nerveux du premier système. C'est ainsi que dans l'organisme animal il n'y a qu'un ensemble bien uni.

Il est facile de comprendre que les mouvements vibratoires, émanant des corps chauds, lumineux ou sonores et envoyés dans l'espace, parviennent jusqu'au cerveau par le moyen des nerfs qui y amènent toutes ces vibrations, comme les fils conducteurs transmettent l'électricité née en un point jusqu'à un autre corps.

On conçoit également que la sensation du contact des objets avec la peau, les excitations dues aux odeurs répandues dans l'atmosphère agissent sur le cerveau, toujours par l'intermédiaire des nerfs impressionnés.

On se rend encore compte que l'action, ainsi venue de l'extérieur, produise sur cet organe un effet qui détermine une réaction dont la conséquence est d'autres mouvements, par exemple dans les muscles, tels que la fermeture *involontaire* des paupières, lorsque les nerfs optiques sont trop irrités par la lumière, ou bien même le retrait immédiat d'un membre au contact d'un corps trop chaud.

La volonté peut n'être pour rien dans l'accomplissement de ces actes dits *tout physiques*, absolument comme dans les mouvements dont sont agitées les personnes atteintes de certaines maladies du système nerveux.

Mais, ce que l'on ignore, c'est la relation qui existe entre ces mouvements moléculaires ou autres dont ce que l'on désigne sous le nom de *matière* est animé et ce que l'on appelle l'esprit humain, c'est-à-dire, pour parler d'une façon plus générale, comment il se fait que l'animal a *conscience* du mouvement qu'il sent physiquement, en un mot comment il sait qu'il vit, pense à ce qu'il fait.

Par la pensée, le cerveau observe, comprend, compare, classe ce que la matière éprouve physiquement.

Il raisonne, c'est-à-dire tire des conclusions de tout ce qui agit sur les sens, prévoit en déduisant les conséquences possibles.

Il se développe dans le cerveau des impressions, dites *morales*, qui semblent n'avoir rien de commun avec les *faits matériels* et sur lesquelles il raisonne comme sur ce qu'il peut entendre, voir ou toucher.

Enfin l'être humain a la faculté de vouloir.

Je ne citerai aucune des pensées émises sur la manière dont il faut concevoir la conscience que l'on a de l'existence et sur l'esprit humain, sur la liaison intime qui unit cet esprit à la matière, car rien de scientifiquement satisfaisant n'a encore été établi à ce sujet pas plus par les religions que par les études philosophiques, qui étudient l'homme au point de vue de ses pensées, de ses passions et de la manière de se conduire par rapport aux autres hommes.

Tout ce que la science peut constater c'est que le plus parfait des êtres organisés, *composé*, comme eux, de *matière*, a parfaitement *conscience* de son existence et que dans son cerveau naît la *pensée*.

De là vient forcément l'aptitude qu'ont les êtres humains de se servir de tout ce qui les environne, pour vivre le mieux possible en s'abritant et se nourrissant suivant leur goût et en créant une foule de choses utiles pour ces deux premiers besoins.

Cela constitue ce que l'on appelle l'*intelligence.*

Cette intelligence va en décroissant de puissance depuis les êtres humains les plus parfaits jusqu'aux animaux les moins bien organisés.

On a fait une distinction entre l'intelligence humaine et celle des animaux, que l'on nomme plus particulièrement l'*instinct;* mais cette distinction n'a rien de scientifique et est simplement un hommage rendu au degré élevé de l'intelligence humaine.

Il est curieux de reconnaître que l'on retrouve chez les animaux toutes les passions, toutes les qualités humaines.

On peut donner, comme preuve de ce que l'on a accordé ce point de comparaison avec l'homme à l'animal, l'emploi si répandu de *tout temps* et *sous toutes* les formes des emblêmes figurés par des animaux, sans oublier le charmant petit cours de profonde morale de Jean de La Fontaine, ces gracieuses *fables* du *bonhomme La Fontaine* que les enfants apprennent et dont les grandes personnes devraient mettre l'esprit en pratique.

On ne peut nier non plus que l'animal a un certain degré de raisonnement, car il raisonne souvent ses actes et cherche aussi à comprendre ce que l'homme exige de lui.

L'étude des mœurs et des habitudes des animaux offre un intérêt remarquable.

Dans tous les cas, on est forcé d'en arriver à considérer la pensée comme une fonction du cerveau, et, comme toute fonction organique, elle entretient la vitalité de l'organe lorsqu'elle se produit sans effort.

Mais, lorsqu'elle se développe sous l'influence de secousses morales ou à la suite d'efforts violents, elle fatigue le cerveau, ses cellules s'usant plus rapidement qu'elles ne sont réparées.

Ainsi, comme aux membres et à tous les organes, il faut de l'exercice au cerveau, mais dans la mesure imposée par la nature, dans laquelle tout excès est nuisible.

La préoccupation, l'attention portée trop vivement et d'une manière trop continue sur un même sujet, c'est-à-dire ce que l'on appelle les idées fixes, sont contraires à l'équilibre cérébral, comme un même travail est contraire au maintien des membres dans un état de santé normal, et comme le même aliment est défavorable aux organes et aux fonctions de la nutrition.

S'il faut *nourrir* l'esprit en portant son attention sur l'examen et l'étude des choses sérieuses et utiles, il est tout aussi nécessaire de rechercher à son temps les distractions qu'offrent les arts et la gaieté et de se reposer dans le charme de sincères affections.

Si l'on néglige cette précaution de varier la vie en unissant avec mesure, mais sans exagérer non plus cette modération, l'*utile à l'agréable*, des désordres se produisent vite dans le système nerveux.

Il peut même arriver que l'état de maladie se manifeste par ce que l'on appelle la perte de la raison.

Alors le cerveau devient comme, par exemple, un piano qui, ayant ses cordes ou détruites ou mal tendues, serait insonore ou ne pourrait que donner une harmonie discordante, lors même que ses touches seraient mises en mouvement par le plus adroit artiste, qui chercherait à lui faire rendre la plus délicieuse partition. L'instrument est faux.

Lorsque la raison s'égare, le cerveau ne renvoie plus par réflexion les impressions qu'il reçoit du dehors ou les renvoie fausses.

Il existe donc une relation si réelle entre la partie de l'être que l'on appelle intellectuelle, c'est-à-dire la pensée, la réflexion et la partie dite matérielle, c'est-à-dire le fonctionnement des organes que, si la première est dans un état anormal, l'autre est bientôt malade, et réciproquement.

En résumé, la constitution de l'organisme exige l'activité et même l'énergie, mais refuse la violence des excès quels qu'ils soient.

Ce n'est que dans ces conditions que la santé se maintenant laisse l'être complet, c'est-à-dire avec toutes ses facultés physiques et intellectuelles.

Je n'ai pas ici à faire une conférence sur l'hygiène ; de plus, je ne connais pas la médecine, mais je puis cependant rappeler une observation dont il est, je crois, utile que l'on se souvienne :

C'est que, malheureusement, les préoccupations, les luttes contre les chagrins de la vie, les fatigues démesurées, comme une vie trop sédentaire qui empêche de respirer assez le grand air du dehors, imposées aux travailleurs pour pourvoir à leur existence, la misère qui empêche de suivre les règles de l'hygiène, de se donner le repos et les soins exigés, altèrent bien de belles intelligences, détruisent bien des fortes santés et, s'ajoutant aux excès dans les plaisirs, tuent plus d'êtres humains que les épidémies et le canon des ambitieux qui forcent les nations à attaquer et obligent les autres à se défendre.

Tout cela prouve que, malgré toute sa splendeur, l'esprit humain n'a encore pu chasser bien des maux de notre civilisation.

Comme dans une simple conversation je me laisse conduire par la suite des pensées qui naissent en moi.

Et je dirai encore :

Nous devons avouer que l'homme, malheureusement, ressemble bien souvent, par son manque de bon sens et sa cruauté, à la bête et devient alors un animal dangereux, car il cache ses projets mauvais sous des apparences raisonnables et par des paroles trompeuses.

L'*orgueil humain* se révoltera de cette dure vérité, mais la raison cherchera un remède, car, si l'orgueil est une sottise, la raison ne connaît que la fierté qui pousse l'esprit humain seulement vers des buts utiles.

Entraîné par ses passions, l'homme devient injuste, cruel ; sa brutalité s'appelle alors le crime ; et, dans ce bel esprit humain, le *bon sens* et l'intelligence sont alors impuissants pour régler ses actes.

Il est clair qu'en disant cela on déflore la confiance naturelle de l'enfant pour l'homme, qu'il ne peut croire trompeur.

Mais, à mon avis, il est encore préférable que la jeunesse connaisse la vérité sur la valeur morale de l'être humain, plutôt que de se trouver sans être en garde contre les dangers causés par une trop grande confiance.

Et il faudrait que les enfants pussent devenir des hommes en restant francs, parce qu'ils auraient compris le mal que fait le mensonge, et humains, parce qu'ils auraient senti qu'il faut que chacun fasse pour tous ce qu'il voudrait que chacun fît pour lui-même.

Or il est également nécessaire au bonheur de ces enfants que, tout en restant toujours bons, ils soient habitués à ne donner leur confiance qu'après avoir éprouvé la loyauté des autres.

Car la jeunesse n'est que trop disposée à imiter les aînés *pour faire l'homme*, comme on dit ; cela est bien, mais il est de toute nécessité que les jeunes gens sachent choisir les bons exemples.

La lecture de l'histoire apprend à connaître l'humanité par ses actes et sous toutes ses formes.

Mais, laissant l'histoire *classique* arrangée pour la mémoire des faits, il faut *après* la lire dans les *mémoires* de ceux qui ont vu et agi, dans les ouvrages qui retracent particulièrement une époque, montrant les acteurs tels qu'ils étaient.

L'histoire de *tous les temps*, même les *plus éloignés* de nous et de *tous les pays*, qui n'est, comme le dit l'historien Louis Blanc, qu'une suite non interrompue de calamités, est instructive; elle présente alors l'intérêt des beaux romans et a sur eux l'avantage de la réalité; on y vit avec les personnages.

On voit ce qui a manqué à ceux à qui le pouvoir était donné pour changer les *calamités* en *bienfaits;* on voit que les souffrances des êtres généreux et pleins de courage qui ont été victimes de l'ignorance, de la bêtise et de la méchanceté, ont malgré tout servi au développement de l'esprit humain.

Enfin les grandes intelligences qui ont brillé au milieu de tous ces drames, consolent des fautes, des injustices et des crimes commis par les autres.

L'histoire, rendant justice à chacun, laisse à l'humanité l'admiration, le respect pour les uns, la haine et le mépris pour les autres.

L'homme peut choisir.

Et le choix de beaux caractères à imiter, d'exemples bons et faciles à suivre est grand pour les jeunes gens qui ont assez de bons sens pour vouloir être vraiment dignes du nom d'*homme*.

Les savants eux-mêmes, dans les sciences, doivent connaître l'histoire, car c'est là qu'ils apprennent par quelle suite d'études et de découvertes on est arrivé à savoir ce que l'on connaît sur chaque forme sous laquelle se présente à nous la matière et sur les phénomènes auxquels elle est soumise.

Cette histoire des corps et des phénomènes, racontant les travaux auxquels ils ont donné lieu, est très intéressante, très curieuse par les exemples qu'elle donne pour les procédés de recherche.

On y trouve aussi le récit touchant des souffrances des nombreuses victimes que dans un livre, de M. Gaston Tissandier, l'auteur, appelle à juste titre *Les Martyrs de la science*.

3° Matières organiques

Carbures. — On peut dire qu'un corps simple est une de ces substances que l'on retrouve toujours lorsque l'on décompose soit un minéral, pierre, terre, liquide ou gaz, soit une matière provenant du corps d'un animal ou d'un végétal.

Quand on cherche les substances composées qui entrent dans les matières dont sont formés les animaux et les végétaux, c'est-à-dire les êtres organisés, on trouve dans les parties molles des acides, des bases provenant de la combinaison du carbone, de l'hydrogène, de l'oxygène et de l'azote.

Les plus simples de ces composés sont faits par l'union de l'hydrogène avec le carbone en différentes proportions; on leur a donné le nom de *carbures*.

Ils se divisent en *carbures* proprement dits et *hydrures* de ces carbures, corps provenant de la combinaison du carbure avec de l'hydrogène, tels sont:

Le gaz des marais ou protocarbure d'hydrogène, qui prend naissance dans le phénomène de la décomposition naturelle des matières organiques et que l'on voit se dégager en bulles des eaux stagnantes et des marais lorsque l'on remue leur vase. Il est formé par la combinaison de deux molécules de carbone et quatre d'hydrogène.

Les pétroles sont des mélanges de carbure que l'on rencontre en nappes fort étendues, dans l'intérieur de la terre.

L'essence végétale de térébenthine est un carbure contenu dans la résine que l'on obtient en faisant aux pins des incisions par lesquelles s'écoule cette résine que l'on recueille.

(L'ambre est une résine fossile.)

En se combinant, ces carbures forment une série spéciale de corps qui dérivent d'eux et constituent ainsi l'ensemble de ce que l'on nomme les matières organiques.

Les alcools et leurs dérivés. — Ce sont les alcools et leurs nombreux dérivés.

Les hydrures forment des alcools en s'unissant à l'eau *qui remplace de l'hydrogène dans leur composition.*

Ainsi, l'*alcool ordinaire* dérive de l'hydrure d'éthylène par la *substitution* de deux molécules d'eau à deux molécules d'hydrogène de ce carbure.

On retire l'alcool ordinaire des liqueurs fermentées par la distillation de ces liqueurs.

Le remplacement de l'hydrogène par l'eau peut se faire par *plusieurs fois deux molécules* d'eau se substituant dans le carbure à autant de fois deux molécules d'hydrogène, comme cela a lieu pour un autre alcool, la *glycérine* par exemple.

Les alcools donnent des composés nommés *aldéhydes* en s'unissant à l'oxygène, qui prend dans la composition de ces alcools la place d'une partie de l'eau pour former ces nouveaux corps.

Les *glucoses*, parmi lesquelles se trouve le sucre ordinaire, sont des aldéhydes dont l'alcool est contenu dans la *manne*, par exemple.

Le camphre ordinaire est une aldéhyde dont l'alcool est le *bornéol* ou camphre de Bornéo.

Les alcools donnent des acides en se combinant avec l'oxygène, lequel alors remplace l'eau de l'alcool ou une partie de cette eau ; tels sont :

Le vinaigre ou *acide acétique*, qui ne diffère de l'alcool ordinaire que par deux atomes d'oxygène qui ont remplacé deux molécules d'eau ;

L'*acide oxalique* que l'on trouve dans l'oseille.

Les alcools forment encore des éthers. Ces éthers dérivent des alcools, comme les acides, par une substitution, l'alcool s'unissant à un acide ou à un alcool qui se substituent à de l'eau pour former un éther.

Ainsi l'éther ordinaire est fait par la combinaison de l'alcool ordinaire qui s'unit avec lui-même en perdant deux molécules d'eau.

La glycérine forme les corps gras (*beurre, suif, graisses, huiles*) en s'unissant à d'autres alcools ; ces corps gras sont donc des éthers de la glycérine.

En s'unissant à l'acide azotique, cet alcool forme un éther bien connu sous le nom de *nitroglycérine*. Ce corps, dans lequel *trois fois deux molécules* d'eau de l'alcool ont été remplacées par *trois* molécules de l'acide, est très dangereux par la facilité avec laquelle il détone avec violence.

C'est avec la nitroglycérine que l'on fait la dynamite

en la mélangeant avec du sable ou de la brique pilée.

Beaucoup de composés détonants sont des éthers formés avec l'acide azotique.

On voit donc que les alcools peuvent se combiner, non seulement aux acides organiques, c'est-à-dire ceux que l'on rencontre dans les végétaux, tels que les acides *acétique*, *citrique*, *malique*, que l'on trouve principalement dans le citron, la pomme, *oxalique*, etc., mais encore qu'ils peuvent former des composés avec des acides minéraux.

Et alors ce sont des éthers que l'on ne rencontre pas dans les plantes auxquelles ces alcools donnent naissance.

On voit de suite quelle richesse immense d'alcools, d'acides ou d'éthers il existe dans la nature.

Les alcools peuvent en outre s'unir à l'ammoniaque comme aux acides, en perdant de l'eau, et former des corps nommés *amines*.

De plus, les acides organiques forment des corps que l'on a nommés *amides* et *nitriles*, lorsque de l'eau a été remplacée par de l'ammoniaque dans leur composition.

Il existe enfin des substances organiques nommées *phénols*, dérivant, comme les alcools, de certains carbures par la substitution de l'eau à l'hydrogène, mais qui ne donnent ni acides ni aldéhydes.

Ainsi le *phénol ordinaire* ou acide phénique dérive d'un carbure qui est la benzine ; il forme l'*aniline* qui est une amine.

En considérant leur constitution et la manière dont on peut produire toutes ces substances, on voit que l'on peut aussi concevoir ces corps comme provenant d'un carbure simple qui en s'unissant à l'*hydrogène* forme un hydrure, à l'*oxygène* des aldéhydes, à l'oxygène en plus grande proportion des acides, à l'eau des alcools et des phénols.

Ceux-ci, en perdant de l'eau et en se combinant à d'autres corps qui remplacent dans leur constitution l'eau perdue proportion à proportion, forment des éthers, etc.

Le carbure du *bornéol* et du *camphre* est composé de molécules contenant ou plutôt résultant de l'union par combinaison de vingt atomes de carbone et seize d'hydrogène et que l'on nomme *bornéène*.

Alcalis végétaux. — On trouve dans certains sucs des plantes des corps qui y sont combinés à des acides organiques : ce sont donc des bases ; elles sont formées par des combinaisons de carbone, d'hydrogène, d'oxygène et d'azote.

On les désigne sous le nom d'*alcaloïdes* ou d'alcalis végétaux.

Ces alcalis sont tous des poisons dangereux par leur action sur le système nerveux. Ils sont même presque tous extrêmement violents.

L'opium, que l'on trouve dans le suc du fruit du pavot, contient six de ces substances, entre autres la *morphine*.

La *quinine*, la *strychnine* sont des alcalis végétaux, ainsi que la *nicotine* contenue dans le tabac et l'*atropine* que l'on extrait des racines de la belladone.

Tous ces corps, extraits directement des organes des animaux ou des plantes ou bien préparés dans les laboratoires, rendent les plus grands services à la médecine, à l'industrie.

Celle-ci y trouve une foule de belles matières colorantes, par exemple; la médecine utilise même les poisons les plus violents avec grand succès, mais à des doses infiniment faibles.

Substances minérales entrant dans la constitution des êtres animés. — Dans les parties dures, comme les os, les carapaces et les coquilles qui enferment ou recouvrent l'animal, dans tout ce qui soutient ou protège les parties molles, les chairs, ainsi que dans les tiges des plantes, on trouve :

De la chaux ou *oxyde de calcium*, composé d'oxygène et de calcium ;

De la potasse ou *oxyde de potassium*, oxygène et potassium ;

De la soude ou *oxyde de sodium*, oxygène et sodium;

De la silice, *acide silicique*, *oxygène et silicium*.

On trouve aussi du phosphore en combinaison, par exemple sous forme de phosphate de chaux, sel formé par l'acide phosphorique et la chaux.

Et c'est des os des animaux que l'on extrait le phosphore dans l'industrie.

Enfin, dans le corps des animaux et dans certaines plantes, on rencontre le soufre.

Ce que l'on retire de la houille. — Je n'ai pu donner ici qu'une bien vague et bien faible idée des curiosités qu'offrent à l'esprit l'observation et l'étude de la nature, et je n'ai pu montrer les applications de ces études à la vie.

Mais, du moins, là sont indiqués les principes dont

le reste, c'est-à-dire tout ce qui se passe dans l'univers, n'est qu'une conséquence forcée, inévitable.

Dans l'activité de la vie humaine, le *fait*, c'est-à-dire l'*application aux besoins* des connaissances scientifiques, intéresse plus que la cause, c'est-à-dire la loi *naturelle*, qu'il a fallu connaître et suivre pour obtenir le résultat. Et on laisse ce soin de chercher et de raisonner à un petit nombre, se contentant soi-même d'employer les découvertes et de les faire servir le mieux possible.

Cette manière de procéder qui porte l'homme à chercher à vivre d'abord, c'est-à-dire à profiter de tout sans donner la moindre attention aux *raisons* de ce qu'il voit ou sent, au lieu de chercher à *penser pour vivre*, nuit certainement au développement de son intelligence et forcément à son bonheur, à son bien-être.

Aussi, je dirai toujours aux enfants : ne craignez jamais de trop chercher à raisonner, c'est-à-dire à vous rendre compte des faits que vous observez.

Je finis ces causeries par un petit exemple des ressources que l'humanité a près d'elle.

Pour se rendre compte de ce qu'est la richesse de la nature, on n'a qu'à considérer ce que l'on peut obtenir dans un morceau de houille, ce que peut devenir cette sorte de terre noire quand on la décompose ou que l'on extrait les matières dont elle est formée.

La houille est une matière presque entièrement organique, formée du résidu d'anciennes forêts que l'on rencontre en grandes masses dans les terrains neptuniens anciens, appelés carbonifères.

On distille la houille en la chauffant dans de grands

vases clos en terre réfractaire au feu, que l'on place dans des fours.

On obtient ainsi des substances que l'on retient dans de l'eau en faisant traverser cette eau par les vapeurs qui se dégagent des vases nommés cornues à gaz, d'abord de la vapeur d'eau, puis des goudrons qui sont des mélanges de plus de quarante substances organiques, huiles lourdes ou légères d'où l'on retire :

1° Des carbures tels que la *benzine*, le *toluène* que l'on retrouve dans le beaume de tolu employé en médecine, la *naphtaline*, l'*anthracène;*

2° Le phénol ordinaire ;

3° L'aniline qui est une base composée de carbone, d'hydrogène et d'azote et avec laquelle on obtient de si belles matières colorantes, entre autres la fuschine ou rosaniline, qui donne des couleurs pourpre.

Après, on recueille :

Des huiles;

Des sels ammoniacaux qui servent à obtenir la dissolution d'ammoniac et le sulfhydrate d'ammoniaque, et à préparer le chlorhydrate d'ammoniaque.

Enfin, il se dégage :

De l'acide sulfhydrique, gaz qui provient de la décomposition de la pyrite, ou sulfure de fer, contenue dans la houille;

Et du sulfure de carbone.

Puis on recueille, sous de grandes cloches reposant sur l'eau, le gaz d'éclairage. Ce gaz d'éclairage est un mélange composé de protocarbure d'hydrogène ou gaz des marais, de bicarbure d'hydrogène ou éthylène, d'oxyde de carbone et d'hydrogène.

Dans les cornues, on trouve encore, lorsque la distillation est achevée, le coke et un autre charbon appelé charbon des cornues qui est employé dans les piles électriques et pour les appareils de lumière électrique.

Lorsque l'on a retiré du goudron les matières que l'on peut en extraire, il reste encore un résidu que l'on nomme brai et qui sert à former un combustible que l'on désigne sous le nom de charbon aggloméré.

Fermentation et moisissure. — Lorsque les matières organiques ne sont plus soumises à l'activité particulière à laquelle elles obéissent dans les corps des animaux et dans les végétaux pendant leur vie, elles se transforment.

Elles subissent un nouveau travail de décomposition et de combinaison que l'on nomme la *putréfaction*, car *rien ne se perd.*

La *fermentation*, la *moisissure* ne sont également que des transformations occasionnées par le développement de petits germes imperceptibles d'animaux ou de végétaux microscopiques, qui se nourrissent aux dépens de la matière qui fermente ou moisit.

On nomme ces êtres et leurs germes des *microbes.*

Ils sont des familles des *infusoires*, des *algues*, des *champignons;* leurs germes sont de véritables œufs ou graines, prêts à se développer et à se multiplier, souvent avec une effrayante rapidité, au contact de matières convenables sur lesquelles ces germes se sont déposés ou dans lesquelles ils se sont introduits.

Le meilleur moyen de préserver les matières organiques de la putréfaction, de la fermentation et de la moisissure, c'est de les imprégner de substances détruisant les germes.

On peut aussi, avant qu'elles ne soient attaquées, les mettre à l'abri de l'air, qui contient les germes, les laisse se déposer partout, ou bien a une action par lui-même sur les substances organiques.

CONCLUSION

En forme de conclusion, je dirai qu'il n'y a qu'une *science*, puisque la science n'est, en résumé, que la connaissance de la nature.

En effet, tous les phénomènes qui nous apparaissent sont liés les uns aux autres ; on ne peut en comprendre, en expliquer ou en prévoir un seul sans le secours de la connaissance des autres.

Les *anciens* avaient déjà bien compris qu'il n'y a qu'une *science.*

Les savants de la Grèce antique étaient appelés philosophes; ce nom vient du mot grec *philosophia*, dont nous avons fait le mot philosophie, et qui veut dire ou signifie amour de la sagesse et de la science, car il est composé des deux mots : *philos* (ami ou aimant), venu lui-même du verbe philéô (j'aime), et *sophia*, sagesse, qui a le sens de *connaissance* APPROFONDIE *de toutes* CHOSES.

En considérant une simple particule d'une matière quelconque, minérale, végétale ou animale, on peut redire tout ce que contiennent tous les volumes écrits sur la science, car, par sa forme, sa couleur, sa constitution intime, c'est-à-dire les matières simples dont elle est composée, son action sur les corps avec lesquels elle est mise en contact, etc., elle est enchaînée à tous les phénomènes naturels.

Divisions principales des études scientifiques. — Mais le cerveau humain, tout en pouvant facilement concevoir l'*ensemble* de ce que l'on appelait autrefois les mystères de la nature, ne peut en *retenir* à la fois tous les détails.

Aussi on a divisé, pour l'étude seulement et pour mieux approfondir leur examen, les phénomènes en plusieurs groupes.

La *chimie* est la partie qui étudie et classe, pour aider le raisonnement et la mémoire, les phénomènes de décompositions et combinaisons des corps entre eux.

Pour obtenir ces *analyses* (décompositions) et ces *synthèses* (combinaisons) des substances, on se sert de la *chaleur*, de l'*électricité* qui, convenablement employées, en changeant le mouvement moléculaire de la matière, modifient le résultat des attractions qui unissent les molécules.

Dans la langue grecque, le mot *phusis* veut dire nature; il a donné son nom à une autre partie de la science, la physique.

La *physique* fait connaître l'influence de la chaleur sur les corps *tant qu'ils ne se décomposent pas.*

Elle étudie avec la chaleur les phénomènes lumineux, ainsi que l'électricité et le son.

On voit de suite la liaison qui existe entre la chimie et la physique par la considération de la constitution de la matière basée sur l'union des atomes et des molécules en mouvement vibratoire et par l'action de la chaleur, de la lumière et de l'électricité sur ces atomes.

La *mécanique*, qui enseigne les lois du mouvement quand les corps sont soumis à des pressions, à ce que l'on nomme des forces, ou simplement à des chocs, complète la physique.

Une autre partie des études scientifiques, la *minéralogie*, est destinée à l'examen des propriétés *particulières physiques* et *chimiques* de tous les corps non organisés tels qu'on les trouve dans la nature, c'est-à-dire dans le sol qu'elles forment.

La *géologie*, qui désigne d'après les minéraux qu'ils renferment et classe d'après leur âge les terrains de l'écorce terrestre, n'est en réalité qu'une partie de la minéralogie.

Enfin, j'ai donné un aperçu de l'importance du rôle des mathématiques dans l'enchaînement que forme l'ensemble des connaissances humaines.

Je rappellerai un fait qui prouve cette importance :

Uranus, une des grosses planètes de notre Soleil, ne suivait pas exactement la route que les lois de la mécanique lui traçaient. Les influences de l'attraction du Soleil et de celle due aux autres planètes voisines, *Saturne* et *Jupiter*, ne suffisaient pas à expliquer la marche d'*Uranus* dans son orbite.

Le savant astronome et mathématicien Leverrier devina la cause de cette *perturbation* dans le chemin assigné à l'astre par les influences attractives que l'on connaissait. Il conclut qu'un autre astre, que l'on n'avait pas remarqué jusqu'alors, ajoutait son action à celle des premiers, le *Soleil*, *Saturne* et *Jupiter*, sur *Uranus*.

Et, pour le voir, il chercha par le calcul quels devaient être le poids et la route suivie par le nouvel astre.

Il trouva si bien que, lorsque tous ses calculs furent achevés, il put dire le jour et l'heure auxquels on verrait l'astre en un point du ciel désigné par le *calcul*.

Il arriva exactement comme il l'avait annoncé.

La nouvelle planète, que l'on nomme *Neptune*, fut vue et telle qu'il l'avait décrite, suivant le chemin que Leverrier lui avait assigné autour du Soleil, dont elle se trouve à une distance égale à *trois fois* celle de la Terre à ce même Soleil.

Cette planète, dite aussi *planète de Leverrier*, est la plus éloignée de celle que l'on connaît.

Emploi de formules dans l'étude de la chimie. — On simplifie les écritures relatives aux sciences et principalement celles qui concernent les réactions chimiques, en faisant usage de formules comme dans les sciences mathématiques.

Pour cela, on a désigné chacun des corps simples par un *symbole* formé d'une ou de deux lettres, la première étant toujours la première lettre du nom *français* ou *latin* du corps que le symbole doit représenter.

Ainsi, par exemple, le soufre sera désigné par la lettre S ; l'oxygène par O, le chlore par les lettres Cl; l'antimoine par Sb, du nom latin *stibium*, etc.

On représente un corps composé en plaçant l'un à côté de l'autre les symboles des corps simples qui ont servi à former chaque molécule de ce composé.

Pour indiquer le nombre d'atomes de ces substances simples dont s'est formée chaque molécule de la nouvelle matière, on ajoute au symbole un chiffre que l'on place *en exposant*, suivant l'expression scientifique.

Par exemple, dans la constitution de l'acide *chlorique*, chaque molécule a été formée par un atome de chlore uni à cinq atomes d'oxygène; on écrira donc, pour désigner ce corps :

$$ClO^5$$

L'*exposant* 5 indiquant que pour un atome de chlore il y en a cinq d'oxygène.

L'acide carbonique est le corps, gazeux à la température de l'atmosphère, qui est le résultat de la combinaison du carbone et de l'oxygène, dans les proportions d'un atome de carbone (C) pour deux atomes d'oxygène, la molécule d'acide carbonique sera donc représentée par la formule :

$$CO^2$$

Cet acide s'unit à la *chaux* (ou oxyde de *calcium*, métal qui a pour symbole Ca), la chaux étant représentée par CaO.

En combinant ces deux corps, on forme un sel, le carbonate de chaux. On indique que l'*on a à effectuer cette combinaison* en écrivant :

$$CO^2 + CaO,$$

et lorsqu'elle sera faite on aura le sel :

$$CaO, CO^2.$$

Ce carbonate de chaux forme les *calcaires* que l'on rencontre dans le sol ; les uns sont amorphes, c'est-à-dire ne présentent pas de structure cristalline ; par exemple, les marbres de couleur, les pierres lithographiques et les pierres à bâtir, qui proviennent de débris solides d'animaux déposés sous les eaux en amas plus ou moins compacts ; les autres sont cristallisées, comme par exemple le marbre blanc.

Si on forme le sulfate de chaux par la combinaison de la chaux avec l'acide sulfurique, on écrit la formule de cette combinaison ainsi :

$$CaO + SO^3 = CaO, SO^3.$$

Ce sulfate de chaux forme le plâtre que l'on obtient en calcinant le *gypse* ou pierre à plâtre, sulfate de chaux hydraté, c'est-à-dire combiné avec de l'eau, que l'on extrait de grandes carrières à l'*état cristallin*.

La craie est un sulfate de chaux hydraté provenant des débris d'animaux microscopiques.

Quand on décompose un corps, une substance quelconque, on indique également la réaction qui s'opère par une formule.

Ainsi, si on décompose de l'eau pure, HO, en la faisant traverser par le courant produit par une pile électrique, on voit l'eau se transformer en deux gaz : l'oxygène O et l'hydrogène H, que l'on peut recueillir sous des cloches, et on indiquera l'opération chimique exécutée par la formule :

$$HO = H + O$$

En étudiant la chimie, on sait de suite, de plus, que les lettres et les exposants indiquent, non seulement les substances mises en présence et les nouveaux corps obtenus, mais aussi les *quantités en poids* de ces substances.

Cela parce que les corps se combinent toujours ou

se séparent dans les mêmes proportions d'atomes s'unissant pour former la molécule et que l'on sait trouver le poids *relatif* de l'atome de chaque corps simple en prenant celui de l'un d'eux (l'hydrogène) *pour unité.*

On appelle les nombres représentant ces poids relatifs des atomes les *équivalents* des corps.

La considération des *volumes* qui entrent en combinaison, lorsque les corps sont gazeux ou réduits en vapeur, a fait modifier l'unité choisie et, par suite, les exposants dans les formules.

De là, on a été conduit à regarder les *poids des volumes* qui se combinent, comme représentant les poids relatifs des atomes des corps simples, et, enfin, à donner le nom de *poids atomiques* à ces nombres.

Comme les formules chimiques représentent des phénomènes fixes, c'est-à-dire qui sont toujours les mêmes, lorsque les conditions dans lesquelles ils se produisent sont identiques, et comme aussi les quantités des corps qui se combinent sont toujours dans le même rapport pour une même combinaison, ce n'est là qu'une autre façon d'exprimer la même chose.

Le résultat est donc, en définitive, identique, que l'on considère le poids des corps à l'état solide ou liquide, ou bien leurs volumes lorsqu'ils sont réduits à l'état de gaz.

Les poids atomiques sont du reste identiques, ou simplement le double des nombres qui représentent les équivalents. Je n'ai pas à juger ni à indiquer ici si la notation atomique plus récemment employée est meilleure ou plus simple.

La chimie, la physique et les sciences qui les complètent servent à approfondir les deux autres branches des connaissances scientifiques. On les nomme la *zoologie* et la *botanique*.

Elles étudient particulièrement la forme, la structure intime des animaux (*zôon*, animal, en grec) et des plantes (*botanè*, plante, en grec), ainsi que les fonctions de leurs organes, les conditions de leur existence normale.

Enfin elles classent tous les êtres organisés en les groupant par classes et par familles, et, pour cela, se basant sur les ressemblances qu'ils offrent entre eux.

La zoologie, la botanique servent de base à l'art de la médecine et à la culture.

Ce que l'on peut entendre par la fin des mondes. — J'ai indiqué comment il paraît que la matière, diffuse d'abord, s'est rapprochée, a condensé ses molécules pour donner naissance à la chaleur, à la lumière, former les soleils, les planètes, sur lesquelles la vie est apparue avec la végétation et la présence des animaux.

Et cela comme conséquence des différents mouvements moléculaires se transformant sans cesse d'après les lois du mouvement que l'étude de la mécanique a fait découvrir.

Quelle est la destinée de ces mondes ?

A cet égard, on ne peut que faire des suppositions en suivant leurs transformations.

Les planètes se rapprochent constamment, bien que ce soit d'une façon insensible, pour ainsi dire, de leurs soleils; iront-elles, après des millions d'années, se confondre avec leur masse en tombant sur eux, la vie étant d'abord éteinte sur ces planètes, habitations errantes de ce qui aura vécu ?

Mais avant comment les animaux et les végétaux auront-ils cessé de vivre sur leur surface ?

1° Le soleil perd à chaque instant insensiblement de sa chaleur. Il peut avoir cessé d'entretenir la végétation, ainsi que la vie des animaux, en ne fournissant plus, à un moment, assez de chaleur, chaleur sans laquelle, comme on l'a vu, aucun phénomène vital ne peut se produire ;

2° On a trouvé qu'un ralentissement dans la rotation diurne des planètes pourrait se produire, changeant la durée du jour et de la nuit. Il arriverait alors que tout serait grillé pendant ces longs jours, tandis que le froid intense des longues nuits ferait périr de froid tout ce qui vivrait à la surface de la terre ; mais dans combien de *centaines de siècles ?*

3° Il faut aussi faire entrer parmi les causes de destruction possibles des êtres vivants la rencontre des comètes avec les planètes. Cela amènerait sans doute des tempêtes terribles, avec le déplacement des eaux de l'océan et l'introduction dans l'atmosphère de gaz délétères ou irrespirables.

Ces rencontres de comètes et d'astres ont pu avoir lieu, mais les calculs des orbites suivies et des positions successives occupées sur ces orbites par les voyageurs qui les parcourent montrent que cet accident est *pour ainsi dire improbable* pour la terre ;

4° On doit aussi prévoir les résultats des bouleversements que peut occasionner le refroidissement que subit incessamment la masse interne fluide, sur la croûte qui s'appuie sur cette masse. Il faut en attendre des dislocations des phénomènes volcaniques, d'où résulteront des dangers plus grands que ceux que font courir à la race humaine les tremblements de terre actuels.

Les sciences progressant chaque jour par les découvertes et les conséquences qu'en peut tirer le raisonnement, on connaîtra mieux la destinée probable des mondes dans leur naissance, leur vie, leur fin et leur renouvellement, car rien ne dit que cette matière condensée ne se rediffusera plus dans l'espace.

Il est actuellement impossible de prévoir avec exactitude l'avenir à ce point de vue, car l'humanité n'est pas assez *âgée* pour avoir pu assister à l'*entier accomplissement* de phénomènes sur lesquels elle s'appuie pour chercher à connaître ce qui se passera.

Et alors on ne peut encore déterminer quel sera l'*effet résultant* de toutes les actions lentes et sûres qui conduisent les mondes solaires comme elles conduisent le nôtre.

TABLE DES MATIÈRES

—

Pages

Observation sur l'importance du calcul 9

A quoi sert l'étude de la géométrie 11

Lignes et figures à l'aide desquelles on mesure et calcule les dimensions

I. — Définition des principales figures géométriques. 17

1° Lignes droites. — Figures formées par les lignes sur les plans 17

2° Figures formées par les plans qui se rencontrent 42

3° Figures solides 48

4° Figures de révolution 54

5° Limites 61

6° Formules de mesure des surfaces et des volumes 65

II. — Application de la géométrie à la représentation des objets par le dessin 74

Principes d'après lesquels on établit les plans et les cartes 74

Pages

III. — Lignes trigonométriques ou fonctions circulaires 83
1° Mettre un problème en équation 83
2° Définition des lignes trigonométriques... 88
3° Exemple de ce que l'on nomme lieu géométrique 101
Remarque sur l'emploi des noms grecs et latins 107

Petit voyage d'une heure à travers l'espace

L'Univers 111
La Création 118
Les Comètes 125
La Terre 126

Tableau des phénomènes naturels

Tableau des phénomènes naturels 135
Qu'est-ce que la matière? 139

I. — Phénomènes dus à la constitution de la matière telle qu'elle se présente à nos sens.... 141
1° Etats sous lesquels nous voyons et sentons la matière 141
2° Combinaisons et décompositions des corps 149
3° L'électricité 158

II. — Phénomènes lumineux 175
1° Réflexion 175
2° Réfraction 180
3° Réflexion et réfraction dans l'atmosphère. 201

Pages

III. — Comment les corps se meuvent.............. 203
1° Inertie de la matière et cause du mouvement.............................. 203
2° Elasticité.......................... 210
3° Le son.............................. 212

IV. — Formation de la terre. — Les plantes. — Les animaux 215
1° Phénomènes connus qui ont dû accompagner la formation de la terre......... 215
2° Les plantes et les animaux............ 233
3° Matières organiques.................. 257

CONCLUSION................................. 267

Tours, imp. Deslis Frères, rue Gambetta, 6.

fructum
suum

AVIS AUX AUTEURS

La Société d'Éditions Scientifiques, établie sur les bases de la **Mutualité** a pour principe de partager par moitié entre les auteurs et elle, *tout bénéfice* résultant de la vente des ouvrages.

Plus de 200 livres ont été édités en 1891 par ce système d'association avec les auteurs, et l'on pourra se rendre compte de l'importance de la plupart de ces ouvrages ainsi que de la notoriété de leurs auteurs, en parcourant cet extrait de notre catalogue.

A

ABET. — **Le Chimaphila umbellata** (herbe à pisser), **son action diurétique.** Gr. in-8. 2 fr.

— **Annales économiques** (revue). — Abonnement : un an, Paris, 20 fr. — Province, 22 fr. — Étranger, 24 fr.

ARTHAUD et BUTTE. — **Diabète, albuminuries névropathiques, physiologie normale et pathologique du nerf pneumogastrique.** 1 vol. in-8 carré. 6 fr.

AUVARD et PINGAT. — **Hygiène infantile.** Histoire du maillot, du biberon et du berceau à travers les âges. 1 vol. in-8 écu, illustré, broché. 1 fr. 50
— Relié. 2 fr.

AYMÉ (Victor). — **L'Afrique française** et le chemin de fer transsaharien. 1 vol. in-18. 2 fr. 50

B

BARTHÈS (Émile). — **Manuel d'hygiène scolaire,** à l'usage des instituteurs, des lycées, collèges, etc. 1 vol. in-18. 2 fr. 50

BÉRILLON (Edgar). — **Théories et applications pratiques de l'hypnotisme.** 1 vol. in-8 carré, avec figures. 1 fr. 25

— **La suggestion,** ses applications à la pédiatrie et à l'éducation mentale des enfants vicieux ou dégénérés. 1 vol. in-8. 2 fr.

— **Revue de l'hypnotisme expérimental.** Abonnement : un an, Paris, 8 fr. — Départements, 10 fr. — Étranger, 12 fr.

BIANCHON (Horace) du *Figaro*. — **Nos grands médecins d'aujourd'hui,** avec une préface de Maurice de FLEURY et les portraits à la plume de DESMOULINS. 1 vol. in-8 carré, texte encadré, tirage en trois couleurs. 10 fr

BILBAUT (Théophile). — **L'art céramique au coin du feu.** 1 gros vol. in-18. 3 fr. 50

BINGER (le capitaine). — **Esclavage, Islamisme et Christianisme.** 1 vol. in-8 carré. 2 fr. 50

BLANCHARD (Raphael). — **Histoire zoologique et médicale des Téniadés** du genre hymanolepis Weinland. 1 vol. in-8 carré, avec fig. 3 fr.

— **Congrès international de zoologie.** 1 gros vol. in-8 raisin avec planches et figures. 20 fr.

BOUDAILLE (Henri). — **Catéchisme des premiers soins à donner en cas d'accident avant l'arrivée du médecin,** avec figures démonstratives. 1 vol. in-16 raisin cartonné. 1 fr.

BOULANGIER (commandant). — **Essais sur les origines de la Méditerranée.** Nouvelle méthode, cartographique. 1 vol. in-8 carré avec cartes et plans. 10 fr.

BOULANGIER (Edgar). — **Notes de voyage en Sibérie** et le chemin de fer transsibérien. 1 beau vol. in-8 jésus avec de nombreuses illustrations sur bois, cartes, plans, etc. 7 fr. 50
— Relié. 11 fr.

BOULOUMIÉ. — **Manuel du Candidat** aux différents grades de médecin ou de pharmacien dans la réserve de l'armée active et dans l'armée territoriale. 1 gros vol. in-18 jésus. 5 fr.

— **Cours de thérapeutique.** 1 vol. in-8 carré. 3 fr.

— **Vittel, pratique personnelle.** 1 vol. in-8 carré. 2 fr.

BOUTARD (E.). — **Des différents types de diabète sucré.** 1 vol. in-8 carré. 4 fr.

BOUTIRON. — **Du Coryza chez les enfants du premier âge.** 1 vol. in-8 carré. 2 fr.

BRACHET. — **Traité du rhumatisme** et de l'arthrite rhumatoïde, par le Dr ARCHIBALD, GARROD, trad. de l'anglais. 1 vol. in-8 carré avec fig. 12 fr.

BRUYANT. — **Les fourmis de la France.** 1 vol. in-8 raisin avec pl. hors-texte. 3 fr.

BUGUET (Abel). — **La photographie de l'Amateur débutant.** 3e *édition* augmentée. 1 vol. in-18 jésus avec 44 figures. 1 fr. 25

— **Trois cents recettes photographiques.** 1 vol. in-8 écu, br. 2 fr.
— Relié. 2 fr. 50

BUREAU. — **Guide pratique d'accouchements.** Conduite à tenir pendant la grossesse, l'accouchement et les suites de couches 1 gros vol. in-18 avec figures 6 fr.

BURET. — **La Syphilis aujourd'hui et chez les anciens.** 1 v. in-18 3 fr. 50

C

CANTIN. — **Des Lymphangites péri-utérines non puerpérales,** et de leur traitement par le curetage de l'utérus. 1 vol. in-8. 2 fr. 50

CATALAN. — **l'Uni-taxe.** 1 brochure in-8 carré. 1 fr. 50

CEZILLY. — **Concours médical.**
France et étranger un an : 20 fr.
Pour MM. les Étudiants 5 fr.
Pour les membres de la Société le *Concours.* 10 fr.

— **La Grippe.** 1 vol. in-8 raisin. 3 fr.

CLAPPIER. — **Au bout de l'Europe.** Récit d'un voyage au cap Nord, 1 vol. in-8 couronne. 3 fr.

CLEIZ. — **Création des sexes.** 1 vol. in-8 raisin. 2 fr.

Congrès colonial international. 1 vol. in-8 raisin. 6 fr.

Congrès colonial national. 2 vol. in-8 raisin. 12 fr.

Congrès Habitations bon marché. 4 fr.
— Assistance publique. 2 vol. in-8 raisin. 20 fr.

Congrès Hygiène. 1 vol. in-8. 15 fr.
— Géographie. 2 vol. 20 fr.
— Sauvetage. 4 fr. 50
— Comptabilité. 3 fr. 50
— Propriété foncière. 3 fr. 50
— Institut. féminines. 10 fr.
— Monétaire. 7 fr. 50
— Emigration et immigration. 3 fr. 50
— Zoologie. 1 vol. et grav. 20 fr.

COSTE. — **La question monétaire.** 1 vol. in-8 raisin. 3 fr. 50

COUTAGNE (Henri). — **Trois semaines en pays scandinaves.** In-8 couronne. 2 fr. 50

CROUIGNEAU — **Promenades d'un médecin à travers l'Exposition.** 1 gros vol. in-8 illustré. 7 fr. 50

D

DANBIES. — **Souvenirs de voyages.** Algérie et Panama. 1 vol. in-8 carré. 3 fr.

DUCHOCHOIS. — **Éclairage dans les ateliers de photographie,** traduit de l'anglais par C. KLARY. 1 vol, in-8 écu, avec figures 3 fr.

DUMAS. — **Français d'Afrique.** 1 v. in-8 raisin 2 fr. 50

DUPUY (B.). — **des alcaloïdes.** 2 gros vol. in-8 jésus. 32 fr.

E

EGASSE et P. GUYENOT. — **Les eaux minérales naturelles de France et d'Algérie.** 1 vol. in-8 carré. 7 fr. 50

F

FERRET. — **Traité de Glaucome.** 1 vol. in-8 carré (2e éd.). 4 fr.

— **De l'ophthalmie granuleuse.** in-8 carré 2 fr. 50

— **La Myopie,** sa pathologie, son traitement, 1 vol. in-8 carré. 3 fr.

FINART D'ALLONVILLE. — **Causeries sur les phénomènes de la Nature,** 1 vol. in-18 jésus avec nombreuses figures. 3 fr. 50

FLEURY-HERMAGIS et ROSSIGNOL. — **Traité des excursions photographiques.** 3e *édition*, un magnifique vol. in-18 jésus, avec figures dans le texte. 6 fr.

FLEURY-HERMAGIS. — **Atelier de l'amateur.** 1 vol. in-8 écu, avec fig. 1 fr. 50

FOWLER. — **De la localisation des lésions de la phthisie.** 1 vol. in-8 carré, broché. 2 fr.
— Cartonné toile. 2 fr. 50

G

GAUTHIOT. — **Les Ports du monde entier.** Prix de la souscription aux deux volumes. 60 fr.

GERS (Paul). — **Le Photo-Journal.** Un an. 10 fr.

— **Journal des sociétés photographiques.** Un an : Paris, 5 francs. — Union postale. 6 fr.

GILLET DE GRANDMONT. — **Berlin au point de vue de l'hygiène.** 1 vol. in-8 jésus, avec planches et figures. 4 fr.

GIROD (Dr). — **Topographie médicale de la ville de Clermont-Ferrand.** 1 vol. in-8. 5 fr.

GRELETTY. — **Causeries pour les médecins.** 1 vol. in-18 jésus. 4 fr.

GUYENOT-OUTHIER. — **Du Condurango et de la Condurangine.** 1 vol. in-8 raisin. 2 fr.

YVES GUYOT. — **Le Budget.** Brochure, in-8 raisin. 1 fr.

— **De la suppression des octrois.** Brochure, in-8 raisin. 2 fr.

H

HAMÉLIUS. — **Philosophie de l'économie politique.** 1 v. in-18 jés. 3 fr.

HARMAND (Jules). — **L'Inde,** préface et traduction (de sir John SRACHEY). 1 vol. in-8 carré avec carte. 10 fr.

HORAND. — **Cours de médecine à** l'usage des gardes-malades. 1 gros vol. in-18. 4 fr.

J

JOUGLARD. — **L'Univers et sa cause d'après la science.** 1 vol. in-18. 4 fr.

K

KLARY. — **Eclairage** (voir Ducnochois). 3 fr.

— **Le Photographe portraitiste.** 1 vol. in-8 carré, avec figures et 11 gravures hors texte. 5 fr.

— **Des projections lumineuses** (*sous presse*).

— **Travaux du soir de l'amateur photographe** (*sous presse*).

L

LABORDE. — **Méthode expérimentale.** 1 vol. in-18 jésus 2 fr.

— **De l'intoxication par l'oxyde de carbone.** 1 brochure, in-18. 1 fr.

— **Physiologie** (*sous-presse*, pour paraître très prochainement).

LAFAGE. — **Un médecin de campagne au XIXe siècle.** 1 vol. in-18 jésus. 2 fr.

LAURENT (Emile). — **L'amour morbide.** 1 vol. in-18 écu. 3 fr. 50

— **L'Anthropologie criminelle.** — 1 vol. in-8 carré. 3 fr.

— **De la suggestion criminelle.** — 1 vol. in-8 carré. 2 fr.

LEGROS (commandant). — **L'Aristotypie.** avec une épreuve Liesegang. 1 vol. in-8 écu. 2 fr.

LEGROS (Commandant). — **Traité de Photogrammétrie.** 1 vol. in-8 couronne. 5 fr.

LELOUP. — **Le Catha édulis**, in-8 raisin fig. 2 fr. 50

LEROUX. — **Les hôpitaux marins.** 1 vol. in-8 raisin avec gr. 10 fr.

LETULLE. — **Guide pratique des sciences médicales pour 1891.** 1 gros vol. in-18 raisin de 1,500 p., rel. à l'anglaise. 12 fr.
Le même, supplément pour 1892 (*sous presse*).

LEYMARIE (de). — **Détails judiciaires usuels.** 1 vol. in-8 jésus, broché. 2 fr.
Cartonné. 2 fr. 50

M

MARCHAL. — **Tarif des Douanes** (dernière revision parue). 1 vol. in-18. 3 fr. 50

MARIAGE. — **De l'intervention chirurgicale.** 1 vol. in-8 raisin. 2 fr. 50

MASSIP (Armand). — **Annales Économiques.** Prix du n° 1 fr. 50

MELLIÈRE. — **Étude chimique des Veratrées.** 1 vol. in-8 raisin. 3 fr.

MEYAN (Paul). — **Annuaire des diplômés pour 1891.** 1 gros vol. in-18 jésus. 5 fr.

MEYNIARD. — **Le second empire en Indo-Chine.** 1 gros vol. illustré 7 fr. 50

— **Le Mois médical**, un an. 4 fr.

MONIN. — **Formulaire de médecine pratique.** 1 vol. in-18 raisin cart. 5 fr.

— **Des Nodules osseux.** 1 vol. in-8 raisin. 2 fr.

MORAIN. — **Questions d'Internat**, manuel du condidat, 1 vol. in-18 raisin, cart. 7 fr. 50

N

NADAUD. — **Traitement de la Tuberculose pulmonaire par les injections hypodermiques d'aristol.** 1 vol in-8 carré. 1 fr.

NOEL (Eug.). — **Les Loisirs du père La Bêche.** 1 vol. in-18 de 500 p. 4 fr.

— **Rabelais,** médecin, écrivain, curé, philosophe. 1 vol. in-18 raisin avec un portrait à l'eau-forte. 3 fr.

P

PAULIER (Armand). — **Questions d'Externat.** Manuel du candidat. 1 vol. in-18 raisin br. 6 fr.

PERCHAUX. — **Histoire de l'hôpital de Lourcine.** 1 vol. in-8 raisin. 2 fr. 50

PICHERY. — **Gymnastique des Ecoles.** 1 vol. in-8 raisin, avec 30 fig. 5 fr.

PINGAT. — **De la prophylaxie des abcès du sein pendant la grossesse et l'allaitement.** 1 vol. in-8 raisin. 3 fr.

POLIDORE. — **Les Mines d'Or de l'Awa.** Une petite brochure in-16 0 fr. 70

— **Ports du Monde entier.** La livraison 1 fr. 25

PELISSIER. — **Profils Coloniaux** (*sous presse*).

Q

QUINQUAUD. — **Thérapeutique clinique et expérimentale.** — 1 vol. in-8, carré. . . . . 10 fr.

R

RAYMOND (Paul). — **Traitement de la syphilis,** en Allemagne et en Autriche. 1 vol. in-8 carré. 3 fr.

REGAMEY. — **Panorama de Port-Blanc.** Album oblong. 2 fr. 50

REULLIER. — **Deux albums photographiques.** Format oblong. 5 fr.

ROBLOT. — **Guide pratique des exercices physiques.** Hygiène et résultats. 1 vol. in-8 carré, fig. 2 fr. 50

RODET (Paul). — **Memento d'accouchements.** Rédigé à l'usage des examens de sage-femmes d'après les théories de l'école de la Maternité. 1 vol. in-18 raisin. 3 fr.

RODET. — **Des climats et des stations climatiques,** traduit de l'anglais du Dr Weber. 1 vol. in-8 carré. 5 fr.

— **Memento d'obstétrique.** — Rédigé exclusivement à l'usage des candidats au troisième examen de doctorat. D'après les théories de l'Ecole de la Maternité. 1 vol. in-18 raisin. 3 fr.

S

SABATIER (Camille). — **Touat Sahara et Soudan,** et le chemin de fer transsaharien avec une magnifique carte. 1 vol. in-8 écu. 6 fr.

— **Les sciences biologiques à la fin du XIXe siècle.** Médecine, hygiène, anthropologie, sciences naturelles, etc., publiées sous la direction de MM. Charcot, Léon Collin, V. Cornil, Duclaux, Dujardin-Beaumetz, Gariel, Marey, Mathias Duval, Planchon, Trélat, H. Labonne et Egasse, secrétaires. Prix de la livraison (la 22e est en vente). 1 fr. 25
Souscription à l'ouvrage complet. 30 fr.

Envoi franco par la poste contre un mandat

— **Les sciences médicales en 1880.** Préface DUJARDIN-BEAUMETZ. 1 vol. in-8 carré, cart. 8 fr.

T

TISSOT. — **Comptabilité à l'usage du commerce,** des banques et des administrations. 1 vol. in-8 raisin. 6 fr.

— **Les calculs du commerce.** 1 vol. in-18 jésus. 1 fr. 25

— **Le commerce.** 1 vol. in-18 jésus. 1 fr. 25

TROUSSEAU (A.). — **Travaux d'ophthalmologie.** 1 vol. in-8. 3 fr.

— **Guide pratique pour le choix des lunettes.** 1 vol. in-18 raisin, couverture en simili-cuir. 1 fr. 50

TUSSAU. — **Phtisie.** Voir FOWLER. 2 fr.

V

VIATOR. — **Le Touriste aux environs de Paris.** Ouvrage illustré paraissant en livraisons. La première est est en vente. La livraison. 1 fr. 25

CAUSERIES
SUR LES
PHÉNOMÈNES DE LA NATURE
Par FINART D'ALLONVILLE

1 vol. in-18 jésus illustré, prix .... 4 fr.

L'ÉDUCATION PHYSIQUE
EN
SUÈDE
Par GEORGES DEMENY

1 vol. in-18 raisin .... 2 fr. 50

LA
SYPHILIS CONCEPTIONNELLE
Par le Docteur J. GODINHO

1 vol. in-8 raisin .... 3 fr.

DU
TRAITEMENT DE LA MÉTRITE DU COL
PAR LES INJECTIONS INTERSTITIELLES

1 vol. in-8 raisin .... 2 fr. 50

Tours. — Imprimerie DESLIS FRÈRES

Tours. — Imp. Deslis Frères.

www.ingramcontent.com/pod-product-compliance
Ingram Content Group UK Ltd.
Pitfield, Milton Keynes, MK11 3LW, UK
UKHW021853190726
13855UKWH00001B/301

9 782013 548601